精神論抜きの
地球温暖化対策

―― パリ協定とその後

有馬 純

はじめに

　2020年以降の地球温暖化防止の国際枠組みを決める第21回気候変動枠組条約締約国会合（The 21st Conference of the Parties：COP21）で、歴史的なパリ協定が採択された。2000～2002年、2008～2011年にかけて、交渉官として地球温暖化交渉に関与してきた筆者としては、非常に深い感慨を覚える。

　1992年に署名された気候変動枠組条約から23年が経過し、その間、地球温暖化問題に対する国際的な枠組みも進化を遂げてきた。1997年に策定された京都議定書は、気候変動枠組条約の下での初めての法的拘束力を有する枠組みであったが、「共通だが差異のある責任」という枠組条約の原則に従い、先進国のみに削減目標を義務付ける片務的なものであった。この結果、米国の離脱を招き、中国などの新興国の温室効果ガス排出量の急増もあいまって、地球温暖化防止にはほとんど役に立たないものとなった。この反省に立って、京都議定書第1約束期間（2008～2012年）終了後、2020年までの枠組みとして、カンクン合意が2010年に成立した。これは、先進国及び途上国が温室効果ガス削減・抑制目標を策定する初めての全員参加型の枠組みであるが、その位置づけはCOP決定であり、法的枠組みとはいえなかった。今回、パリ協定の成立により、ようやく全員参加型の法的拘束力ある枠組みが実現したことになる。ここに至るまでの流れは、先進国、途上国の二分論に基づく京都議定書レジームから、国際政治経済情勢の変化に対応した全員参加型のレジームに移行するための長く苦しい闘いであったと要約できる。その意味でパリ協定は歴史的な第一歩といえる。

　しかし、パリ協定の成立をもって地球温暖化交渉が妥結したわけではない。パリ協定を実際に動かすためには、多くの具体的なルールや手続きを決めねばならない。また、日本、米国、EU（欧州連合）の削減目標の「数値」

が最大の焦点となった京都議定書交渉とは異なり、パリ協定では各国が持ち寄った「自国が決定する貢献（Nationally Determined Contribution）」を、どのように報告、レビュー、改定していくかという「プロセス」が最大の焦点となった。換言すれば、今後の地球温暖化対策の焦点は、国際交渉から国内対策に移るということでもある。

　COP21の3カ月前の2015年9月、筆者は、中央公論新社から『地球温暖化交渉の真実－国益をかけた経済戦争』を上梓した。それまでの地球温暖化交渉の流れ、その時々で日本が何を目指して闘ってきたか、COP21では何が交渉され、どのような結果になりそうか、そうしたなかで日本はどう臨むべきかについて、過去20回のCOPのうち、11回に参加してきた筆者なりの考えをまとめたものである。幸いに関係者から高い評価をいただき、第36回「エネルギーフォーラム賞」優秀賞を受賞する栄誉を得た。本書は、いわばその続編に当たるものであり、前半では、パリ協定ができるまでの交渉経緯、パリ協定の概要及びその評価を、後半では、それを踏まえた国内エネルギー・地球温暖化対策の課題、論点について論じてみた。なお、本書中、意見にわたる部分は、すべて筆者の個人的見解であり、筆者が籍を置く経済産業省や日本政府の見解を代表するものではまったくない。また、本書に登場する人物・役職名などは当時のものである。

　地球温暖化問題は、長期の取り組みが必要な課題である。そのためには、エネルギー安全保障、経済成長との調和を図りながら、バランスのとれたアプローチを取っていくことが何よりも重要である。本書が前著『地球温暖化交渉の真実』とともに、地球温暖化問題に関心を持っている方々に何らかの示唆を与えることができるのであれば、これにまさる喜びはない。

目次

はじめに　1

第1章
COP21への長い道のり　11

　気候変動枠組条約の採択　12
　京都議定書の採択　12
　ポスト2013年交渉の開始　15
　カンクン合意の成立　17
　ポスト2020年交渉の開始　19

第2章
COP21に向けての争点　23

　地球温暖化交渉の難しさ　24
　多様な交渉グループの存在　25
　争点1：約束草案に法的拘束力を持たせるのか　28
　争点2：長期目標をどう書き込むか　28
　争点3：「共通だが差異のある責任」をどう反映させるか　29
　争点4：透明性フレームワークに差異化を持ち込むか　30
　争点5：市場メカニズムを盛り込むか　31
　争点6：資金援助の主体を先進国のみとするのか　32
　争点7：途上国への定量的資金援助目標を定めるか　33
　争点8：ロス＆ダメージを含めるか　33

第3章

COP21はどう進んだのか　35

　COP21の会場はこんなところ　36
　交渉テキストの状況　39
　パリ委員会の設置と閣僚レベルファシリテーターの任命　41
　議長テキストの主要な争点　42
　議長最終案の提示とパリ協定の採択　45

第4章

COP21はなぜ成功したのか　49

　米国、中国の前向き姿勢　50
　議長国フランスの不退転の決意　51
　合意を欲した途上国　52
　国連プロセスの信頼確保　53
　京都議定書ファクターの不在　53
　フランスの会議運営の巧みさ　54
　交渉官も人の子　56

第5章

パリ協定で何が決まったのか　59

　パリ協定のエッセンス　60
　パリ協定の目的（第2条）　62
　緩和（第4条）　65
　市場メカニズム等（第6条）　69

ロス＆ダメージ（第8条）　70
　　資金援助（第9条）　72
　　技術開発・移転（第10条）　74
　　透明性（第13条）　75
　　グローバルストックテーク　79
　　発効要件　80
　　番外：高効率石炭火力技術の輸出をめぐって　82

第6章

パリ協定をどう評価するか　85

　　すべての国が参加する枠組みの成立　86
　　現実的なボトムアップ型のプレッジ＆レビュー　86
　　プレッジ＆レビューの実効性は今後の設計次第　87
　　日本の優れた技術の海外普及を　89
　　長持ちする枠組み　91
　　全体としてはやや途上国寄り　92
　　野心的な温度目標は将来の火種に　93
　　大幅削減のカギは革新的技術開発　95
　　科学の不確実性を直視せよ　96

第7章

世界は脱炭素化に向かうのか　99

　　脱炭素化に向かうことは確実　100
　　脱炭素化に向けた投資家の動き　100
　　共有されなかった世界の排出削減目標　101
　　地球温暖化が唯一の政策課題ではない　103
　　米国大統領選の影響　105

英国のEU離脱の影響　107
EUの地球温暖化対策への影響　110
ナショナリズム、内向き志向と地球温暖化懐疑論　112
脱炭素化への道は単純ではない　113

第8章
26％目標達成のカギは原子力　115

なぜ2013年が基準年として選ばれたのか　117
日本の約束草案は容易に達成できるのか　118
日本の約束草案の野心レベルは欧米に比して低いのか　120
原子力なしで、より野心的な目標が出せるのか　122
石炭火力を排除すべきなのか　124
26％目標をめぐる4つのシナリオ　126
26％目標は天から降ってきたものではない　128
2020年の目標通報時は要注意　129

第9章
長期戦略と長期削減目標　131

80％目標は世界全体の削減目標とパッケージ　133
2050年40〜70％減の不確実性　137
見直すべきであった80％目標　138
80％削減のイメージと経済影響　139
地球温暖化対策を実施すれば経済成長につながるのか　145
80％目標は中期目標の議論にも影響　146
長期戦略イコール長期削減目標ではない　146

第10章

地球温暖化防止に取り組むならば原子力から目をそらすな　149

　地球温暖化防止と原子力　150
　地球温暖化交渉と原子力　151
　地球温暖化防止に真剣ならば原子力発電所の新増設が必要　152
　原子力を取り巻くボトルネック　155
　原子力発電所の新増設に必要なのは政治的意思　159
　原子力と世論　161

第11章

長期戦略の中核は革新的技術開発　165

　エネルギー環境イノベーション戦略の策定　168
　イノベーション環境の整備　170
　選択と集中だけで十分か　172
　既存技術への補助と革新的技術開発へのリソースバランス　173
　国際連携の可能性　174
　日本らしい長期戦略を　177

第12章

炭素価格論について考える　179

　炭素価格とは何か　180
　明示的炭素価格　180
　暗示的炭素価格　181

炭素価格の導入状況　182
炭素価格に関する国際的議論　183
炭素価格に関するこれまでの国内議論　185
炭素価格議論は国際競争力の問題と切り離せない　187
「日本には炭素価格がない」というのは誤り　189
日本で排出量取引を導入すべきなのか　192
排出量取引は自主行動計画よりも優れているのか　196
電力排出量取引を導入すべきか　199
大型炭素税を導入すべきか　202
明示的炭素価格の経済効率性　205
現実的な政策パッケージを　207

結びにかえて　209

参考資料　パリ協定採択に関するCOP決定及びパリ協定〈全文〉　213

第1章

COP21への長い道のり

COP21の位置づけやパリ協定の意義を理解するためには、それまでの地球温暖化交渉の流れを理解する必要がある。本章では、COP21に至るまでの交渉経緯をざっと振り返ってみよう。

気候変動枠組条約の採択

　1980年代から科学者の間で認識が強まってきた地球温暖化問題は、各国政府関係者にも広く共有されるに至り、1990年以降の累次の交渉を経て1992年にブラジルのリオデジャネイロで開催された国連環境開発会議（地球サミット）で、国連気候変動枠組条約（以下、「枠組条約」）が採択された。枠組条約は、CO_2（二酸化炭素）を中心とする大気中の温室効果ガスの濃度を安定化させることを目的とし、気候変動の悪影響を防ぐための取り組みの原則や措置などを定めた、いわば「基本法」のような位置づけを有する。2015年12月に採択されたパリ協定を含め、そのあとのすべての合意の淵源は、枠組条約に遡ることになる。枠組条約に定められた諸原則のなかで最も特徴的なのが「共通だが差異のある責任（CBDR：Common But Differentiated Responsibilities)」である。地球温暖化問題は、すべての国が取り組まねばならない共通の課題であるが、現在の地球温暖化をもたらしたのは産業革命以降、いち早く経済成長を遂げてきた先進国であり、これから発展する途上国に比して重い責任を負うべきという考え方である。枠組条約附属書Ⅰには、そうした責任を負うべき先進国名が列挙され、「附属書Ⅰ国」と呼ばれることとなった。この「共通だが差異のある責任」と「附属書Ⅰ国（先進国）と非附属書Ⅰ国（途上国）」の二分法は、そのあとの地球温暖化交渉を長らく呪縛し続けることになる。

京都議定書の採択

　1997年のCOP3で採択された京都議定書は、この二分法を更に進め、

写真1:気候変動枠組条約第3回締約国会合(COP3)

[出所]環境省

附属書Ⅰ国のみに定量的な温室効果ガス削減義務を課し、国連の下で先進国の排出量を割り当てるという片務的かつトップダウンの枠組みとなった。京都議定書では、2008年から2012年までの5年間を第1約束期間とし、EU、米国、日本の平均排出量をそれぞれ1990年比8%減、7%減、6%減とする排出削減義務を規定した。一見するとEUの目標は最も厳しく映るが、1990年の東西ドイツ統合や1990年代に英国で進展した石炭からガスへの燃料転換により、EUでは既に1990年比の排出量の減少が進んでいたため、8%減はほとんど追加的努力なしに達成できるものであった。EUは、1990年という自分たちに有利な基準年を最大限利用したといえよう。米国は、一人当たりのエネルギー消費が日本やEUに比して格段に大きく、削減余地が大きい。これに対し、日本は、米国やEUに比して既に高いエネルギー効率を達成していたため、追加的削減に多大なコストを要する。日本、米国、EUのなかでは、日本の目標達成が最も困難であるこ

とは明らかであった。

　しかも米国は、2001年にクリントン大統領からブッシュ大統領へ政権交代をした直後、京都議定書からの離脱を宣言する。京都議定書採択に先立つ1997年7月に米国上院で、「途上国が先進国と同等の義務を負わず、米国の経済に悪影響がある議定書には、米国は決して参加しない」というバード・ヘーゲル決議が全会一致で採択されていたからである。米国の条約批准には、上院の3分の2以上の支持が必要であり、先進国のみが義務を負う京都議定書が批准される可能性はそもそもゼロであった。京都議定書体制は、最初から重大な瑕疵を孕んでいたといえよう。

　最大の排出国である米国の京都議定書離脱は、日本にとって大きなショックであり、米国を引き戻すべく種々の外交努力を行ったが、米国政府を翻意させることはできなかった。他方、早期の京都議定書発効を目指すEUは、議定書発効のカギを握る日本に猛烈な攻勢をかけてきた。国内でも野党・民主党を中心に「京都で生まれた議定書なのだから米国抜きでも批准すべき」とのプレッシャーが強まった。この結果、日本は2002年に京都議定書を批准し、そのあとのロシアの批准を経て、2005年には京都議定書が発効する。

　筆者が初めて地球温暖化交渉に参加したのは、京都議定書の実施細則を決める交渉を行っていた2000～2002年のことである。日本の6％減目標は、京都議定書に盛り込まれた森林吸収源と排出削減クレジットの国際売買を認める京都メカニズムなしには達成不可能なものであった。しかし、森林吸収源も京都メカニズムも細目が一切決まっておらず、日本は出口を塞がれた状態で細目ルールの交渉に臨まねばならなかった。筆者は、米国の離脱から日本が米抜き批准に舵を切るに至るプロセスを当事者として経験し、非常に苦い教訓を学んだ。かたや何の追加的努力もせずに目標を達成できるEU、かたやさっさと離脱し、「我関せず」を決め込む米国、そして、重い追加削減負担を負い、第1約束期間を通じて1兆円を超える国富を海外からのクレジット購入のために費やさざるを得なくなった日本……。京

都議定書が「平成の不平等条約」と呼ばれる所以はここにある。京都議定書については、人によってさまざまな評価があろう。しかし、「京都議定書は日本の外交的敗北」というのが、筆者の今に至るも変わらぬ見方である。

ポスト2013年交渉の開始

　京都議定書の限界は、早くも2005年の発効以前から露呈した。2000年以降、旺盛な経済成長を背景に中国の排出量が急増し、米国を抜いて世界最大の排出国に躍り出たのである。中国以外の新興国の排出量も増大し、米国が離脱した京都議定書の下で削減義務を負う先進国の排出量シェアは、対世界比で4分の1以下となっていた。地球温暖化防止のためには、米国、中国を含むすべての主要排出国が参加する公平で実効ある枠組みが必要であることは自明であった。このため、「すべての主要排出国が参加する公平で実効ある枠組み」は、京都議定書で苦い教訓を学んだ日本の、そのあとの一貫した交渉方針となった。

　こうした状況変化は、京都議定書第1約束期間終了後の2013年以降の枠組みのあり方を考えるうえで大きな論点となった。2007年のCOP13（インドネシア・バリ島）で採択されたバリ行動計画では、すべての国が参加する枠組みを交渉する「長期協力特別作業部会（AWG-LCA：Ad Hoc Working Group on Long Term Cooperative Action under Convention)」と、京都議定書第2約束期間における附属書I国の削減義務を交渉する「京都議定書特別作業部会（AWG-KP：Ad Hoc Working Group on Further Commitments of Annex I Parties under the Kyoto Protocol)」のツートラック交渉体制が成立した。そして、2009年のCOP15（デンマーク・コペンハーゲン）までにこれらの交渉を終え、2013年以降の枠組みを採択することが合意されたのである。しかし、AWG-LCAの下で、すべての主要排出国の参加するひとつの枠組みの構築を主張する先進

国と、京都議定書に基づく昔ながらの先進国・途上国二分論に固執する途上国との懸隔はあまりにも大きかった。AWG-KP での交渉を通じて、米国以外の先進国に京都議定書第 2 約束期間の下で新たな削減義務を課し、AWG-LCA で交渉中の新たな枠組みの下では、京都議定書に参加していない米国に削減義務を課し、途上国への資金、技術援助を全先進国に義務付ける。それが途上国の交渉戦略だったのである。COP13 から再び地球温暖化交渉に復帰した筆者は、AWG-KP の首席交渉官として京都議定書第 2 約束期間における先進国の目標数値のみを議論するという、およそ不毛な交渉に従事することとなった。

　COP15 の議長国デンマークは、「歴史的な合意をコペンハーゲンで作り上げる」と意気軒昂であり、通常は環境大臣レベルの会合であった COP に首脳の参加を求め、世界の期待値を最大限に盛り上げた。しかし、先進国・途上国の対立は COP15 終盤に至っても埋まることがなく、このままでは、

写真2：失敗に終わったCOP15

[出所] Breakthrough Institute

第 1 章　COP21 への長い道のり

COP15 は失敗に終わることが不可避と思われた。この状況に焦燥感を抱いた米国のオバマ大統領やドイツのメルケル首相の主導により、先進国、新興国、島嶼国、低開発国などから 20 数カ国の首脳が小部屋で異例の首脳レベル協議を重ねることとなった。その結果、出来上がったのが「コペンハーゲン合意」である。これは、先進国、途上国が温室効果ガスの削減・抑制に向け、計測・報告・検証可能な（MRV：Measurable, Reportable and Verifiable）目標や行動を自主的にプレッジ（誓約）し、その進捗状況を報告、レビュー（見直し）するというものである。途上国への資金、技術支援も盛り込まれ、その時点の交渉状況を踏まえた最大公約数的なパッケージであった。コペンハーゲン合意は、COP15 の最終日を過ぎた土曜日の午前 3 時頃、全体会合に諮られたが、ベネズエラ、ボリビアなどの一部途上国が「密室での協議で作られたコペンハーゲン合意には、手続き上、重大な瑕疵がある」と文句をつけ、全体会合は大きく紛糾した。議長国デンマークは、当事者能力を失い、コペンハーゲン合意は「採択」に至らず、「留意」に終わってしまう。

カンクン合意の成立

　コペンハーゲン後、それまで日米と歩調を合わせ、すべての国が参加するひとつの枠組を主張してきた EU が「変節」する。合意を焦る余り、あくまでも第 2 約束期間設定に固執する途上国に妥協し、すべての国が参加する枠組みと第 2 約束期間の並立を受け入れると交渉方針を転換したのである。他方、日本、カナダ、ロシアは、これに強く反対した。米国、中国が温室効果ガス削減に取り組まない京都議定書第 2 約束期間を設定しても、すべての国が参加する実効性あるひとつの枠組み構築への逆行でしかない。また、米国が新たな枠組みの下で排出削減義務を負わないことが確実ななか、その他の先進国が京都議定書上の義務を負うのでは、バランスを著しく欠くからである。しかし、途上国は、第 2 約束期間の設定をまず

固めるべきだと主張し、2010年のCOP16（メキシコ・カンクン）では、第2約束期間の取り扱いが最大の争点となった。

　COP16初日、途上国が次々に「京都議定書第2約束期間の設定がCOP16を成功させるための要件である」と発言するなかで、筆者は、日本政府交渉団の対処方針に基づき「日本はいかなる条件、状況の下でも京都議定書第2約束期間に参加しない」とのポジションを明確に表明した。このステートメントは大きな反響を呼び、日本は、途上国や環境NGO（非政府組織）からの強い非難を受けることとなった。国内でも「日本が孤立している」との報道があったが、「京都の過ちを二度と繰り返さない」との考えに立ち、日本交渉団は、一体となって粘り強く自国の立場を説明し、最後までポジションを貫いた。

　この結果、COP16では、京都議定書第2約束期間設定に向けて引き続き交渉を行うことが合意されたものの、明確に不参加を表明した日本、ロ

写真3：COP16で発言する筆者

[出所]竹内純子・筑波大学客員教授撮影

シア、カナダのポジションは合意文書に反映され、日本は第2約束期間と事実上、訣別することとなった。そして、コペンハーゲン合意を発展させた「カンクン合意」がCOP決定として採択された。2013〜2020年までの枠組となるカンクン合意の最大の特徴は、先進国、途上国が温室効果ガス削減・抑制に向けた目標・行動を自主的にプレッジし、それをMRV（計測・報告・検証）するというボトムアップ型のプレッジ＆レビューの枠組みとなったことである。これは、先進国のみに義務を課したトップダウン型の京都議定書とは根本的に性格を異にするものであり、初めて米国、中国を含むすべての主要排出国が参加する枠組みが成立したことになる。後述するパリ協定もこの流れに沿ったものであり、地球温暖化交渉の歴史を振り返るとき、カンクン合意は「京都議定書時代の終わりの始まり」として記憶されることになるだろう。

ポスト2020年交渉の開始

　激しい交渉の末、ようやく採択されたカンクン合意であるが、京都議定書のような法的枠組みではなく、しかも、そのカバーする期間は2020年までであって、2020年以降の枠組みについては白紙のままである。このため、2011年のCOP17（南アフリカ・ダーバン）では、ポスト2020年の枠組みの交渉マンデートが大きな論点となった。COP決定のカンクン合意を更に進め、全員参加型の法的枠組みを目指す先進国と、「共通だが差異のある責任」を不磨の大典とみなす途上国の意見は交渉成果のイメージをめぐって激しく対立し、COP17の決着は、最終日である2週目金曜日を大幅に超過し、日曜午後にずれ込んだ。その結果、採択されたのが「ダーバンプラットフォーム」であり、2015年のCOP21において、「すべての締約国に適用される、枠組み条約の下での議定書、その他の法的文書あるいは法的効力を有する合意成果」を得るとの作業計画が合意された。そのための交渉の場として「強化された協力のためのダーバンプラットフ

ォーム特別作業部会（ADP：Ad Hoc Working Group on Durban Platform for Enhanced Action）」が設置された。

　京都議定書交渉では、先進国の削減コミットメントのみが議論され、途上国のコミットメントはあらかじめ除外されていた。バリ行動計画では、すべての国の参加する枠組みの交渉が開始されたものの、並行して京都議定書第2約束期間の交渉も進んでいたため、途上国は、AWG-LCAとAWG-KPというツートラック交渉を利用し、「先進国は、京都議定書に基づき、引き続き温室効果ガス削減義務を負うべき。途上国も新枠組みの下で温室効果ガス抑制に努力するが、それはあくまで自主的行動。先進国は新枠組みの下で途上国支援を強化せよ」という主張を展開してきた。こう考えてみると、ADPというひとつの交渉の場で「すべての締約国に適用される枠組み」を作り出すというポスト2020年枠組交渉は画期的なものといえる。その交渉の終着点となるパリのCOP21が世界的な注目を集

写真4：COP17での最終調整

[出所] IISD（International Institute for Sustainable Development）/ENB（Earth Negotiation Bulletin）

めたのは、このような経緯によるものである。

第2章

COP21に向けての争点

ダーバンプラットフォームに基づいて設置された ADP では、2012 年 5 月の第 1 回会合以降、COP21 直前までに 11 回にわたる激しい交渉が行われてきた。目指すアウトプットは、「すべての国に適用される共通の枠組み」のベースとなる交渉テキストである。2015 年 2 月には、それまでの交渉を踏まえ、一応の交渉テキスト案が取りまとめられたが、ADP 共同議長が提示した案に各国が自国の主張をオプションなどの形で次々に盛り込ませたため、当初案の 39 頁が 90 頁に膨らんだものとなった。COP21 に至るまで、6 月、8 月、10 月と交渉が続けられてきたが、テキストのスリム化はほとんど進まなかった。これは驚くに当たらないことで、筆者が関与したポスト 2013 年枠組み交渉では、COP15 に向けて交渉テキストが 200 頁にまで膨らんだ。

　交渉のなかで、次期枠組みの中核的概念として浮上してきたのが各国によって自主的に決定される「約束草案」(INDC：Intended Nationally Determined Contribution) である。温室効果ガスの削減・抑制目標など、地球温暖化防止に対する自国の貢献を各締約国が自主的に決定し、COP に提出するというものである。先進国が数量削減目標を交渉し、国連が約束期間内の排出枠を割り当てるというトップダウン型の京都議定書と異なり、カンクン合意と同じボトムアップの考え方に立つものである。すべての締約国が温室効果ガス削減に取り組む全員参加型の枠組みにしようとすれば、これが唯一の現実的な解になるであろうことは明らかだった。

地球温暖化交渉の難しさ

　しかし、地球温暖化交渉での合意形成は非常に難しい。地球温暖化という外部不経済を解決するために、地球全体の温室効果ガスを削減しなければならないという総論については皆、異論がない。しかし、例えば、1 万トンの温室効果ガスを A 国で削減しても、B 国で削減しても地球全体の効果は同じであるのに対し、削減コストは各国で発生する。そして、1 万

トンの削減による地球温暖化防止の便益は全地球に及び、特定の国を排除できない。限られた数の国々が自由貿易協定、経済連携協定を通じて貿易自由化を行い、参加国の間だけでそのメリットを享受できる貿易交渉と最も異なるのが、その点である。そうなれば、必然的に「フリーライダー（ただ乗り）」の問題が生ずる。即ち、自国の削減負担をできるだけ軽減し、他国に負担を負わせたほうが有利になるというわけである。筆者が地球温暖化交渉を「国益を賭けた経済戦争」と呼んでいるのは、それが理由である。

多様な交渉グループの存在

　交渉を更に難しくしているのが多くの交渉グループの存在である。次頁の図1をご覧いただきたい。
　締約国を大別すると、附属書Ⅰ国（先進国）グループと非附属書Ⅰ国（途上国）グループが存在する。附属書Ⅰ国のなかで一大勢力なのがEU28カ国である。欧州は、もともと環境NGOの影響力が強く、地球温暖化交渉においても、削減目標の引き上げや厳格な枠組みを主張する傾向が強い。ただ、EU拡大に伴い、石炭依存度が高く、経済成長を重視するポーランドなどの東欧諸国が入ったことにより、EU内も京都議定書交渉時のような一枚岩ではなく、合意形成に苦労するようになってきている。附属書Ⅰ国グループのなかのもうひとつの勢力が日本も参加するアンブレラグループ（UG）である。アンブレラグループは、EU以外の主要先進国が参加する交渉グループで、その構成メンバーは、米国、カナダ、豪州、ニュージーランド、日本、ノルウェー、ロシア、ウクライナ、カザフスタンである。域内で事前に調整し、交渉方針を統一するEUと異なり、各国の立場の違いを認める緩やかな連携である。環境至上主義的、教条的なところがあるEUに比して、現実的なアプローチを志向する国が多いのも特徴である。
　非附属書Ⅰ国に属する途上国は、G77＋中国という交渉グループを形成している。G77+中国は、1964年の国連貿易開発会議（UNCTAD）の際に、

図1：国連気候変動交渉における交渉グループ

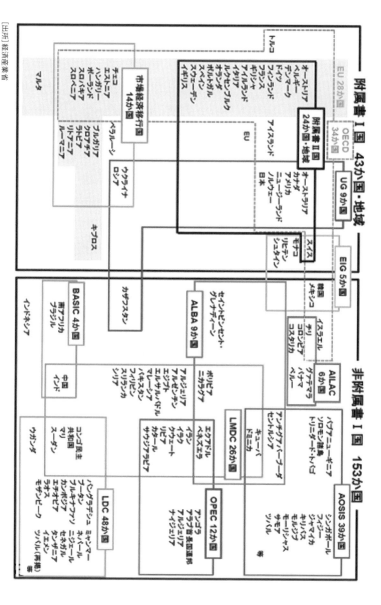

[出所] 経済産業省

先進国に対して途上国の利害を主張するために発足したグループであり、国連における南北対立を象徴する存在ともいえる。G77＋中国といっても、実際の数はもっと多く、134カ国もの最大集団である。更にG77＋中国のなかには、地域特性、発展段階などを反映したさまざまな交渉グループが存在する。アフリカグループ、後発発展途上国（LDC）グループ、小島嶼国連合（AOSIS：Alliance of Small Island States）などは、自国の排出量は非常に少ない一方、地球温暖化による被害をより大きく受けるため、野心的な枠組みの構築と先進国からの支援拡大に関心が強い。産油国グループは、地球温暖化対策の進行による化石燃料消費の減少が自国経済に与える影響を懸念している。中南米では、ボリビア、ベネズエラなどの反米社会主義国がALBA（Bolivian Alliance for Peoples of our America）を形成する一方、先進国との協力に前向きなチリ、コロンビア、ペルーなどは、AILAC（Independent Alliance of Latin America and the Caribbean）」を立ち上げた。途上国のなかでも経済大国、大排出国となった中国、インド、ブラジル、南アフリカはBASICというグループを作っている。過去の交渉においては、G77+中国が一枚岩で先進国と対立的な交渉ポジションをとることが多かったが、ADP交渉を通じて途上国のなかでの立場の違いが顕在化してきた。例えば、中国やインドが旺盛な経済成長により温室効果ガス排出を増大させるなかで、地球温暖化の被害を受ける島嶼国や後発途上国は先進国のみならず、大排出途上国も温室効果ガス排出をコントロールすべきであると考えている。こうしたなかで、中国、インドは、反米中南米諸国や産油国などと組んで有志途上国グループ（LMDC：Like Minded Group of Developing Countries）を立ち上げ、先進国の責任をひたすら追及する対立的な交渉を展開している。

　また、附属書Ⅰ国と非附属書Ⅰ国にまたがる「環境十全性グループ（EIG：Environmental Integrity Group）」もある。非附属書Ⅰ国であるが、1990年代半ばにOECD（経済協力開発機構）に加盟した韓国、メキシコ、附属書Ⅰ国であるが、EUにもアンブレラグループにも参加していないス

イス、モナコ、リヒテンシュタインなどが参加している。
　このような交渉グループが、以下に述べるような争点について熾烈な交渉を繰り広げるのである。

争点1：約束草案に法的拘束力を持たせるのか

　ダーバンプラットフォームでは、交渉成果を「議定書、その他の法的文書もしくは法的効力を有する合意成果」としているが、次期枠組みに、どのような法的拘束力を持たせるかとの点については特定していない。これまでの交渉を通じて各国が温室効果ガスの削減、抑制に向けた定量的な目標を「約束草案」として提出し、その実施状況をレビューするというプロセスで、法的拘束力を持たせるという点については概ね合意が形成されてきた。

　しかし、次期枠組みを京都議定書のような厳格なものとすることを志向するEUや島嶼国は、約束草案に盛り込まれる目標達成をも法的義務とすべきと主張していた。これに対し、米国や日本は、約束草案の目標に法的拘束力を持たせることには反対してきた。米国にとって約束草案の目標自体に法的拘束力を持たせれば、上院での批准が必要となり、共和党が多数を占める上院で批准に必要な3分の2の支持を得る可能性はゼロであるためである。目標に法的拘束力を持たせることを受け入れられないのは中国やインドも同様である。

争点2：長期目標をどう書き込むか

　2020年までの枠組みであるカンクン合意前文には、「産業革命以降の温度上昇を2℃以下に抑制するためには、大幅な温室効果ガス削減が必要」との文言が盛り込まれていた。このため、次期枠組みにも温度目標が何らかの形で入ることが想定されており、ADP交渉テキストにも産業革命以降の温度上昇を「2℃を下回るレベル」「2℃を十分下回るレベル」「1.5℃を下回るレベル」などがオプションとして盛り込まれていた。温度目標に

加え、地球全体の長期排出削減目標を設定するのか、設定する場合、どこまで定量的な表現をするのかということも争点である。交渉テキストには、2015 年 6 月の G7 エルマウサミットの首脳声明に盛り込まれた「2050 年までに 2010 年比 40 ～ 70％削減の高いほうを目指す」などの定量的目標のオプションと、今世紀末に向けて「低排出転換（low emission transformation）」「炭素中立性（carbon neutrality）」「脱炭素化（decarbonization）」などの定性的目標のオプションが併記されていた。

　次期枠組みの野心のレベルをできるだけ引き上げたい EU や島嶼国は、上記の要素がすべて必要であると主張していたが、新興国は、定量的な削減目標はもちろん、定性的な目標、特に脱炭素化や炭素中立性といった用語についても強い難色を示してきた。たとえ全地球の削減目標であろうと、先進国の総量削減目標を差し引けば、結果的に途上国にとっても総量目標がかかることを強く警戒したからである。「地球温暖化問題を解決するためには、世界全体で長期削減目標を共有することが必要」というのは、安倍首相が 2006 年に提唱した「クールアース 50」を含め、先進国側が繰り返し提起してきた論点であるが、新興国側は、その都度、これを拒否してきた。この構図はパリに至っても変わっていない。

争点 3：「共通だが差異のある責任」をどう反映させるか

　今回の交渉で最大の難点は、気候変動枠組条約上の「共通だが差異のある責任」の取り扱いであった。先進国は、「枠組条約制定後 20 年超を経て、中国が最大の排出国になるなど、客観情勢も大きく変わっている。枠組条約に刻み込まれた共通だが差異のある責任の原則についても、その意味するところをダイナミックに解釈すべきだ」とし、「約束草案の中身は、各国が自主的に定めるものであるから、差異化は自ずから行われる」という「自己差異化」論を展開してきた。これに対して有志途上国グループは、「約束草案の内容のみならず、手続きにおいても先進国と途上国の差異化を制度的に明示すべきである」として、各条文で先進国と途上国を書き分け、

京都議定書的な二分論を維持しようとの主張を展開してきた。

争点4：透明性フレームワークに差異化を持ち込むか

「共通だが差異のある責任」という論点は、「京都議定書のように先進国は削減義務を負い、途上国は義務を負わない」というシンプルなものにとどまらない。むしろ今回の交渉で大きな論点となったのは、「各国が提出した目標の事前協議、内容確認、事後レビューの手続き（この一連のプロセスを透明性フレームワークと呼んでいる）において先進国、途上国の段差をどこまで許容するか」ということである。先進国は、キャパシティ面でハンディキャップのある脆弱国を除いては、すべての国が同じプロセスの下で目標内容、実施状況の透明性を確保することを強く求めた。これに対し、有志途上国グループは、自国の提出した目標に対して国際的な事前・事後レビューが入ることを「内政干渉的」として強く反対した。例えば、ADPテキストのなかには、すべての締約国が約束草案を提出したあと、最終的な目標提出に先立って、その内容確認、理解増進のためのプロセスを設ける条文があるが、途上国の反対により全文が［　］（ブラケット）に入ったままであった。

　国際的な枠組みのなかで、加盟国がお互いの政策の実施状況についてレビューを行うことを「ピア・レビュー」といい、OECDなどの場では広く確立された手法である。しかし、途上国は、こうしたピア・レビューの経験が乏しいせいか、内政干渉につながるとの猜疑心が強い。筆者は、IEA（国際エネルギー機関）国別審査課長として加盟国のエネルギー政策のピア・レビューを担当していたが、このプロセスは、決して内政干渉ではなく、レビュー結果についても強制力はない。むしろ加盟国の相互信頼向上と他国の経験に学ぶという観点で非常に有益な手法であるといえる。このため、IEAから帰任後、APEC（アジア太平洋経済協力）の場で省エネ政策レビューの立ち上げを提案した。途上国の反応は当初、消極的であったが、粘り強く趣旨を説明し、ようやく各国の賛同を得ることができた。

しかし、APECに比してはるかに対立的な雰囲気の強い国連交渉の場では、なかなかこうはいかない。途上国が先進国のみに詳細なレビューを求め、自分たちについては、簡易な手続きという差別化を主張する理由はレビューを通じて先進国に目標の上積みや、途上国支援の増額に向けてプレッシャーをかけようと考えているからに他ならない。レビュープロセスを他国への批判と圧力に使おうとするから、自分たちがその対象となることを忌避しているわけである。このようなアプローチでは、レビュープロセスはうまく機能しない。

争点5：市場メカニズムを盛り込むか

　次期枠組みにおける市場メカニズムの取り扱いについても争点となった。京都議定書におけるクリーン開発メカニズム（CDM）などのように、次期枠組みにおいても何らかの市場メカニズムを盛り込むべきだというのが多くの締約国の考え方であった。この点は、2011年以降、二国間クレジットメカニズム（JCM）を推進してきた日本にとっても重大関心事である。JCMとは、日本が得意とする低炭素技術、製品、システム、サービス、インフラの普及を通じて途上国の持続的な開発に貢献する一方、日本の技術による温室効果ガス削減への貢献を計測・報告・検証可能な方法で定量的に評価し、日本の排出削減目標の達成に活用しようというものである。COP21に先立って日本が提出した約束草案にはJCMを算入していないものの、次期枠組みにおいては、国連が管理する中央集権的なメカニズムのみならず、JCMのような二国間の合意に基づく分権的なメカニズムも盛り込みたいところである。ADPテキストのなかには、国連が管理する新たなメカニズムの設立がオプションとして盛り込まれていたが、これに加え、「協力的アプローチ」として「ダブルカウントをしないことを確保しつつ、国際的に移転される削減成果（internationally transferred mitigation outcomes）」という概念もオプションとして盛り込まれていた。後者は、国連外で行われるJCMを読み込み得る表現であり、日本として

は是非とも実現したいところである。しかし、市場メカニズムについての議論はダーバン以降、ずっと平行線を続けてきた。ボリビアやベネズエラなどが「地球を汚す温室効果ガス排出量を取引対象とすることは、何でも金儲けの対象とする資本主義の悪しき考え方である」というイデオロギーに基づき、市場メカニズムに強固に反対してきたからである。他方、EUは、自分たちが行っているEU-ETS（EU排出量取引制度）的な枠組みの世界展開を狙っている。そのため、国連の下でクレジットの同質性を厳格に管理することを志向しており、日本が進めるJCMのような国連外の枠組みに対する猜疑心が強かった。

争点 6：資金援助の主体を先進国のみとするのか

　差異化の議論は、途上国への資金援助主体にも絡んでいる。気候変動枠組条約の成立以降、途上国に対する支援の主体は常に先進国とされてきた。しかし、BRICS銀行やアジアインフラ投資銀行（AIIB）が発足するなど、国際的な資金の流れについても大きな状況変化が生じているなかで、地球温暖化防止の分野では先進国だけが資金貢献を行うというのは、明らかに不合理である。このため、先進国は、資金貢献の主体を先進国のみならず、「資金貢献すべき状況にある（in a position to do so）国々」にも広げることを主張しており、有志途上国グループとの間で意見が鋭く対立してきた。折衷案として「途上国支援を行うことに前向きな国々（Parties willing to do so）」という表現が浮上したが、「in a position to do so」であれば、経済力その他の客観指標に基づき資金援助主体の拡大を確保できるが、「willing to do so」の場合、経済力があっても資金援助するかどうかは各国の意向次第ということになってしまう。資金援助主体の問題は、削減目標と並んで先進国、途上国二分論の象徴的な意味を持っており、この問題に強いこだわりを有する有志途上国グループの反対は極めて強いものがあった。

争点7：途上国への定量的資金援助目標を定めるか

　途上国への資金援助目標も大きな論点である。カンクン合意では、先進国が途上国の緩和努力と透明性の向上を条件に「2020年までに1000億ドル」という官民の資金援助額目標をコミットした。OECDの試算によれば、官民の資金フローは2015年時点で600億ドル超に達しているが、未だ1000億ドルには到達しておらず、2020年以降について新たな資金援助目標をコミットできる状況にはない。当然ながら、途上国は一致して新たな目標設定を強く求めており、米国をはじめ先進国は、それに消極的という構図となっている。途上国が地球温暖化交渉に参加している大きな動機は、先進国からの支援獲得であり、この分野で折り合いがつかなければCOP21が失敗するリスクも否定できない。

争点8：ロス＆ダメージを含めるか

　気候変動の悪影響によるロス＆ダメージ（損失と損害）も大きな論点である。気候変動対策には大別して、温室効果ガス排出を削減する「緩和」と気候変動による影響への「適応」があるが、「損失・損害」は台風などの異常気象、海面上昇、これらに伴うコミュニティへの影響など、適応できる範囲を超えた悪影響を指す。地球温暖化に最も脆弱とされる島嶼国は、地球温暖化による損失・損害を先進国に補償させるための国際的メカニズムを作るべきだと主張している。しかし、脆弱国の主張する損失・被害のどの部分が気候変動に起因するものであるか、科学的特定は非常に難しい。資金援助、技術支援、キャパシティビルディングなど、途上国からの際限のない支援要求に加え、新たに莫大な金額の損失補償を法的に義務付けられることにもつながりかねないため、先進国は「損失と損害」を制度化することに強く反対している。地球温暖化の影響を最も強く受ける島嶼国は、地球温暖化交渉で独特の発言力を有しており、彼らが強いこだわりを持つこの論点は、全体のパッケージディールを作るうえでの波乱要因になり得る。

以上がCOP21に向けての主な争点であるが、もちろん、それ以外にも大小さまざまな論点があり、それぞれが相互に複雑に絡み合っている。通常の国際交渉以上に多くの交渉グループが異なるプライオリティ、レッドラインを抱えている地球温暖化交渉の場合、個々の争点を一つひとつ解決していくことは難しい。各交渉グループ、主要排出国は、ある争点で「譲る」ならば、別な争点で「取る」ことを志向するが、すべての争点を同時に決着させることは、容易なことではない。マルチの国際交渉では、「すべてが合意されるまでは何も合意されていない（nothing is agreed until everything is agreed）」という前提のもとに個別論点の決着を図ろうとすることがよくあるが、地球温暖化交渉の場合、COP21に向けて個別争点の収斂が見られることはなかった。次章では、そのようななかでCOP21がどのように進んだのかを紹介しよう。

第3章 COP21はどう進んだのか

COP21第1週目の終盤近くの2015年12月4日金曜日、筆者はパリに到着した。初めてCOP交渉に参加した2000年のCOP6から数えると、12回目のCOPとなる。地球温暖化交渉との付き合いも思えば長くなったものである。

COP21の会場はこんなところ

　COP21の会場となったのは、パリ郊外のル・ブルジェ空港近くに設置された特設会議場である。ル・ブルジェ空港は、1927年にチャールズ・リンドバークが愛機セントルイス号で前人未踏の大西洋無着陸飛行を達成した際の終着点である。有名な「翼よ、あれが巴里の灯だ」というフレーズは、あとからの創作だといわれているが、長く苛酷な飛行を行ってきたリンドバークがル・ブルジェ空港の灯を見たときの偽りない感情であったろう。ル・ブルジェが長く苦しい交渉を決着させる終着点であるCOP21の会場に選ばれたのもあながち偶然ではあるまい。

　パリの中心部からパリ高速鉄道（RER）に乗ってル・ブルジェの駅で下車し、シャトルバスで会場に入る。入り口には無数の円柱が並んでおり、その一つひとつに各締約国の国旗が付されている。セキュリティチェックを通ると、メインストリートの両側に特設会議場が並んでいる。このなかに大小の会議場、各国代表団室、各国や団体のパビリオン、プレスルーム、食堂などが入っているのである。メインストリート入り口付近には、NGOの設置した巨大な白熊のロボットがあり、時々動いて咆哮する。メインストリートから会議場に入る横道の左右には色とりどりのプラスチックで作られた各種の野生動物が並び、メインストリート突き当たりには、エッフェル塔のオブジェがある。メインストリートでは毎日、さまざまなNGOがイベントを行ったり、ビラを配ったりしている。ただ、2015年11月のパリ中心部でのテロ事件の直後でもあり、COP21期間中、公共の場所でのデモは禁止され、各国政府に圧力をかけるため、20万人を動員

写真5：COP21会場の風景

[出所] IISD（International Institute for Sustainable Development）/ENB（Earth Negotiation Bulletin）

したデモを企画していた国際環境 NGO にとっては、不完全燃焼感が強かったかもしれない。

　会場入り口ではリンゴが配られており、会場のそこかしこではパン屋の Paul が焼きたてのパンを売っているほか、ラクレット、クレープ、ホットワインなどの屋台も出ている。他方、きちんとしたフランス料理のフルコースが食べられるレストランもある。コペンハーゲンと比べると食環境は格段に恵まれており、さすがに「食の国」フランスの面目躍如たるとこ

ろがある。

　各国パビリオンは、各国の地球温暖化防止の努力のショーウィンドー的なものであり、それぞれ各種のサイドイベントを毎日開催している。なかでも人気が高かったのは、議長国フランスとドイツのパビリオンだろう。サイドイベント内容がどうのこうのというよりも、座るスペースがたくさんあり、しかも無料でコーヒーが飲める。電源もあってパソコン作業もできる。ドイツのエネルギー政策に批判的な筆者も、考え方の違いを捨象して（？）よくお世話になった。わが日本パビリオンも、丸川環境大臣も出席する二国間クレジット制度（JCM）パートナー国会合をはじめ、各種のイベントを精力的に行っていた。

　これまでCOPに参加したのは12回にのぼるが、実際に交渉官として参加したのはCOP18（ドーハ）までであり、COP19（ワルシャワ）、COP20（リマ）は政府代表団に参加しつつも、自分自身で交渉することはなかった。今回は、東京大学教授、日本経済団体連合会（経団連）21

写真6：日本パビリオンにおけるJCMパートナー国会合

［出所］筆者撮影

世紀政策研究所研究主幹の肩書きで参加したため、政府代表団にも参加していない。全体会合は政府関係者以外にも開かれているが、実質的な交渉になると、政府関係者以外はシャットアウトとなるので、交渉官時代のようにリアルタイムで交渉の進展を追うことはできない。しかし、長くこのプロセスに関与していると国内外、交渉団の内外に知り合いがいる。そういう人達から話を聞き、関係情報をチェックしていれば、「昔取った杵柄」で大体の流れは理解できるものである。

交渉テキストの状況

　COP21 に至るまで、2月の交渉会合で固まった交渉テキストがほとんどスリム化されなかったことは先に述べたとおりだが、1週目には ADP 会合での交渉が引き続き行われ、第1週目の終わりに ADP 共同議長から COP 議長国フランスに引き継がれたテキストは法的合意案及び関連の COP 決定案を合わせ 40 頁弱のボリュームとなった。もともと 90 頁近くあったものが、半分以下になったという意味では、一定の進捗があったともいえる。しかし、同テキストは依然として各条文について合計 120 近いオプションと 700 以上の［　］（ブラケット）を含んでおり、最終合意のベースとはとてもいえるものではなかった。前にも述べたように、これは、COP 交渉では当たり前の話でもある。2週間に及ぶ COP 交渉のうち、第1週目は交渉官レベルの交渉が行われ、第2週目からは閣僚レベルに格上げされる。筆者がこれまで参加した COP のなかで、第1週目に議論の収斂の兆しが見えた事例はただの一度もない。各国の交渉官は、自国がこだわるイシューが閣僚折衝で取り上げられるよう、こだわりの度合いの大小にかかわらず、目いっぱいの主張をするからである。本当は妥協してもよい案件でも引き続き要求リストから外さず、「切りしろ」として取っておくという腹積もりもある。COP 第1週目というのは、各国がこれまで同様の主張を展開する、いわば「歌舞伎」のようなものであり、実質的には

ほとんど意味がないものともいえる。

　COP21では、初日に首脳レベルセッションが設けられ、各国首脳が合意に向けた強い意気込みを示したせいか、各国とも第1週目に単なるポジショントークに終始するのではなく、ADP共同議長の作成した条文案に即した具体的な交渉が行われた。これは、従来のCOPに比べれば随分ましなものであったが、ボリュームが半分になったのは、各国の意見が余り対立していない点について一定の収斂が見られたからであり、前章で述べたような本質的な対立点については何ら解決していない。2015年12月5日のADPクロージング会合で有志途上国連合代表のマレーシアが「先進国は、共通だが差異のある責任をめぐる状況が変化したとの理由で、条約上の原則を有名無実化しようとしているが、先進国と途上国の格差はむしろ拡大している。先進国の責任はいささかも変わっていない」との長広舌をふるい、会場から盛大な拍手を受けているのを聞いて、交渉の前途に暗

写真7：ADPクロージング会合

［出所］IISD（International Institute for Sustainable Development）/ENB（Earth Negotiation Bulletin）

澹たる思いを持ったものである。

パリ委員会の設置と閣僚レベルファシリテーターの任命

　本質的な争点を抱えながらCOP21は第2週に突入した。第2週目からは、ADP共同議長に代わってCOP議長のファビウス仏外務大臣が「運転席」に座ることとなる。2015年12月5日のCOP全体会合では、ファビウス議長から「自分が議長となり、すべての国に開かれた交渉会合であるパリ委員会を開催する。それと並行して実施手段（途上国が温室効果ガス排出抑制をするための支援）、野心と長期目標、先進国と途上国の差異化、2020年までの取り組み強化の4つの論点について、それぞれ閣僚2名をファシリテーターとした交渉を行い、結果をパリ委員会にフィードバックする」との方針を示した。「実施手段」についてはガボン、ドイツ、「先進

写真8：ファビウス議長

[出所] IISD (International Institute for Sustainable Development)/ENB (Earth Negotiation Bulletin)

国と途上国の差異化」についてはブラジル、シンガポール、「野心と長期目標」についてはセントルシア、ノルウェー、「2020年までの取り組み強化」についてはガンビア、英国の閣僚がファシリテーターに任命された。更に7日のパリ委員会では、これに加え、前文、協力的メカニズム及び市場メカニズム、森林、適応とロス＆ダメージ、対応措置、遵守の6テーマが追加され、総計14人の閣僚がファシリテーターに任命された。閣僚レベルによる交渉は、多くの国が一堂に会する形ではなく、閣僚ファシリテーターが各交渉グループと次々にミーティングを行い、各グループのレッドラインを確認しつつ、着地点が模索された。こうした調整の状況は2度にわたり、パリ委員会に報告され、2015年12月9日には、初めて議長国フランスによるテキスト案が提示された。ADP共同議長テキストに比して多くの［　］（ブラケット）が除去され、オプションの数が減らされた結果、ボリュームも29頁に減っていた。しかし、資金、差異化、野心のレベル、ロス＆ダメージなど、大きな争点については依然として両論併記のままとなっていた。いくつか事例を挙げてみよう。

議長テキストの主要な争点

　野心のレベルと密接に関係する温度目標については、「産業革命以降の温度上昇を2℃以下に抑える」「産業革命以降の温度上昇を2℃大きく下回るレベルに、更に1.5℃以下にするようグローバルな努力をスケールアップする」「産業革命以降の温度上昇を1.5℃以下に抑える」の3つのオプションが示された。島嶼国が1.5℃に強くこだわっており、何らかの形で1.5℃が記述される可能性が高いとの観測が高まっていた。

　地球全体の温室効果ガスの長期目標については、「2050年までに2010年比40〜70％削減の高いほう」という定量的なもの、「今世紀末に向けた低排出転換」「脱炭素化」「気候中立性」といった定性的なものがオプションとして示された。途上国の強い反発により、定量的目標が合意される

可能性は低かったが、定性的な目標についても、インドなどは、「脱炭素化や気候中立性は無理だ。我々は、国民生活向上の観点から依然として石炭を必要としている」との理由で、強い難色を示していた。

　資金援助の主体を先進国に限定するか否かが論点となってきたが、今回のテキストでは、「先進国は途上国の緩和、適応のために［新たな］［追加的な］［適切な］［予見可能な］［アクセス可能な］［持続的な］［スケールアップされた］資金援助を行う（shall provide）。その他の締約国は、南-南協力を含め、自主的で補完的な形で途上国に資金を提供することもあり得る（may, on a voluntary and complementary basis）」という条項がブラケットなしで入った。その他の資金関連の条文で「先進国及び能力を有するその他の国々は新規の追加的な資金、技術移転、キャパシティビルディングを提供する（Developed country Parties and…other Parties with the capacity to do so shall provide new and additional financial resources…）」といったオプションが残ってはいるものの、上記の規定がブラケットなしで入っている限り、このオプションが生き残る可能性は低い。この点で議長テキストは、途上国に寄った内容になっていた。

　レビュープロセスについては、多くの問題があった。ADP共同議長テキストでは、すべての締約国が約束草案を提出したあと、最終的な目標提出に先立って、その内容確認、透明性、理解増進のためのプロセスに関する条文がブラケットに入って残っていたが、議長テキストからは事前協議に関する条文がすべて落とされた。また、約束草案の実施状況に関するレビューについては、すべての締約国に適用されるオプション１と、先進国、途上国の取り扱いを差別化したオプション２が併記されている。オプション２では、先進国は「強固なレビューと国際的な評価プロセスを受け、その結果は遵守に関わる結論につながる」とされる一方、途上国については、「提供された情報は内政干渉的・懲罰的でなく、国家主権を尊重し、先進国からの支援に応じた形で、技術的な分析を受け、国際的な場で意見交換を行い、サマリーを作成する」とされており、大きな段差がある。資金援

助について上記のような差異化を認めたうえに、先進国が最もレビュープロセスが、古典的二分論に基づくオプション2で決着してしまったら、先進国にとってまったく受け入れ不可能となる。

　今回のテキストには、先進国にとって受け入れ不能な知的財産権に関する文言は入っていない。知的財産権については、交渉途上でインドが「先進国の有するエネルギー環境技術の知的財産権を無償で途上国に供与すべきだ」と強硬に主張するのに対し、先進国は、「そんなことをすれば技術開発のインセンティブが失われる」と真っ向から反論し、行き詰まりとなっていた。COP21期間中に行われたオバマ大統領とモディ首相との電話会談において、この件についても議論されたといわれている。その他の部分で途上国寄りの記述が目立つため、それを材料に議長国フランスが知的財産権の無償供与にこだわるインドを説得しようとしているとの見方もあった。

　もちろん、これは第1次案であり、このまま決着するとは誰も思っていない。9日深夜、議長案に対するコメントを聴取したあと、10日、11日の昼夜を費やして、インダバ形式の会合やファビウス議長と各交渉グループの調整、各交渉グループ間の調整などが行われた。この間、10日夜には、第2次議長案が提示されている。「インダバ」とは、ズールー語で「困難な問題を解決するための寄り合い」を意味し、今回の交渉の出発点となった南アフリカのCOP17で多用された閣僚レベルの少人数会合を指す。

　COP21の最終日は11日の金曜日であるが、当たり前のように交渉妥結に至らぬまま12日土曜日の朝を迎えた。12日朝の新聞を見ると、「交渉は依然、難航しており、13日の日曜日までずれ込む見通し」とある。既に二度にわたり議長テキストが提示されており、次に出てくるテキストが「take it or leave it」の最終案にならねば間に合わない。このため、最後の最後まで水面下で調整をし、水面に出たときには「シャンシャン」で採択できるものを出すのだろうと予想された。議長国フランスにとっては、絶対にしくじることのできない局面であり、ファビウス外務大臣が「家族

には、日曜まで帰れないと言っておけ」と指示をしたとか、「フランス政府は、ル・ブルジェの会場を月曜日まで抑えている」との噂も流れ、最終案の提示は、日曜日にずれ込むのではないかとの見方もあった。

　「日曜日夜には、パリを出るフライトに乗らねばならない。折角来たのに結果を見届けられないかもしれない」と思い始めた12日土曜日の昼前、パリ委員会が開催されるとのアナウンスが流れた。ファビウス議長に加え、オランド仏大統領、パンキムン国連事務総長が壇上に現れる。ファビウス議長が口を開き、「我々は合意に非常に近づいている。これから出す最終テキストは考え得る最善のバランスを図ったものだ。皆が100％自分の意見を通せば、全体はゼロになってしまう。皆は合意を欲しているのか、いないのか？」として、各国が最終テキストをそのまま受け入れることを強く求めた。そのあと、パンキムン国連事務総長、オランド大統領も次々に登壇して各国に柔軟性と合意を求め、そのたびに大きな拍手を浴びた。「フランスは、いよいよ勝負に出たな」と思った。この時点でフランスは、紛糾していた部分について、関係国との調整を終えていたことは間違いない。しかし、協定案全体について190カ国超の意向を確認していたわけではなく、コペンハーゲンのCOP15のように、どこかの国が異議を唱える可能性も排除できない。そのため、最終案に文句を言わせない空気を事前に作り出そうとしたのであろう。フランスらしい老獪な外交術である。

議長最終案の提示とパリ協定の採択

　パリ委員会終了後、数時間おいてパリ協定最終案が配布された。累次の議長案は読んでいたものの、第2次案に比して場所や表現ぶりが変わっていたため、交渉本体に参加していない身としてはテキストの読み込み、理解になかなか苦労した。それでも短時間の間に何とか通読し、関心のあるプレスに対して内容や論点を解説した。

　そして、12日午後7時、最後のパリ委員会が開催された。ここで事務

局から最終案の技術的修正が早口で読み上げられた。読み上げられた修正点のなかには、単なる技術的修正にとどまらないものも入っていたのだが、この点については、パリ協定の内容とともに次章で触れたい。明らかだったのは、最終案を採択しようという雰囲気が会場全体を覆っていたことである。かつて筆者が交渉官として参加したCOP16でカンクン合意が水面下の交渉でまとまり、COP全体会合が開催されてエスピノーザ議長（メキシコ外務大臣）が壇上に現れたとき、皆が起立して拍手で迎えたのと同様の雰囲気である。

そして、午後7時半頃、ファビウス外務大臣が「パリ協定を採択する」と言って木槌を下ろすと、会場は総立ちとなり、大きな拍手に包まれた。筆者が陣取っていたプレスルーム周辺でも大きな歓声と拍手が湧いた。そのあとの各国のステートメントも、議長国フランスと新たな協定に対する最大級の賛辞が続いた。採択後、唯一、ニカラグアが合意内容に対する不

写真9：パリ協定の採択

[出所]IISD (International Institute for Sustainable Development)/ENB (Earth Negotiation Bulletin)

満を長々と述べたが、ファビウス外務大臣からは、「早く発言を終えるように」と軽くあしらわれていた。2010年のCOP16でカンクン合意が採択された際、ただ一国反対をするボリビアに対し、メキシコのエスピノーザ議長が「ボリビアの発言は議事録に残す。しかし、コンセンサスは全員一致を意味しない」として押し切ったことを思い出す。2009年のCOP15でボリビア、ニカラグアなどの反対でコペンハーゲン合意の採択がブロックされたことを思うと隔世の感がある。

　京都議定書に代わる新たな法的枠組みとして、「パリ協定」はこのようにして誕生したのである。

第4章

COP21はなぜ成功したのか

筆者はCOP21開催前から、「COP21に向けては多くの対立点があるが、最終的な合意形成については慎重に楽観的（cautiously optimistic）である」と述べてきた。幸いなことにCOP21は成功し、見通しは当たったわけだが、多くの対立点を抱えながらもCOP21はなぜ成功したのだろうか。「各国が地球温暖化問題の深刻さに危機感を強め、大同団結した」といった見方は単純に過ぎるであろう。事前の期待値の強さや国際的関心の強さということでいえば、失敗に終わったコペンハーゲンのときのほうがはるかに高かった。本章では、COP21が成功した要因、背景について筆者なりの見立てを綴ってみたい。

米国、中国の前向き姿勢

　何より、世界第1位、第2位の排出国である中国、米国が合意を欲していたことは大きい。2014年11月、オバマ大統領と習近平国家主席が「米国は2025年までに2005年比で温室効果ガス排出を26〜28％削減する」「中国は2030年頃をピークにCO_2排出量を減少させ、非化石燃料の電源比率を20％にする」との共同発表を行ったことは、COP21に向けて大きなモメンタムを与えた。

　米国は、COP15のときも前向きであったが、オバマ大統領就任1年目の2009年と異なり、今回は大統領任期2期目を1年余り残すのみである。地球温暖化問題でレガシー（政治的な遺産）を残したいオバマ大統領にとってはあとがない。通常はトッド・スターン特使をヘッドとする米国代表団であるが、2週目からはケリー国務長官自身が米国代表団を指揮し、各国との調整に精力的に動き回っていたのは、米国の本気度を示すものであった。

　コペンハーゲンの頃との違いが最も顕著だったのは中国であろう。COP15の際、中国は「地球温暖化問題の原因を作ったのは先進国であり、まず先進国が野心的な取り組みを示すべきである。先進国と途上国の扱い

は枠組み上も区別すべき」との主張を展開し、「ピークアウトの時期くらいは示せないのか」との先進国からの働きかけに対しても後ろ向きであった。このため、コペンハーゲンが失敗したあと、「合意形成を阻害したのは中国である」というパーセプションが広がり、中国の国際的評判を落とす結果となった。しかし、今回、中国の交渉態度は打って変わって前向きであった。もちろん、これにも政治的思惑がある。中国では、PM2.5をはじめとする大気汚染問題がここ数年、急速に深刻化し、国民の不満も非常に高まっている。長期の問題である地球温暖化問題と異なり、大気汚染問題は短期的に国民の健康被害をもたらすものであり、これに本腰を入れて取り組まなければ共産党一党独裁体制維持にも支障をきたす恐れがある。そして、自動車の排気ガス、発電所からの煤塵などの大気汚染問題に取り組むことは、そのまま温室効果ガスの抑制にもつながることになる。また、2000年以降、右肩上がりであった経済成長にも鈍化が見えてきたし、高効率、高付加価値の産業構造を目指すとの方向性も打ち出している。COP15では、温室効果ガスのピークアウトのタイミングを示すことにすら後ろ向きであった中国が2030年ピークアウトを表明したのは、このような背景がある。更に尖閣諸島、南沙諸島などにおける拡張主義が周辺国との摩擦を引き起こしているなかで、地球温暖化防止に積極的な姿勢を示すことは、「国際的に前向きな役割を果たす中国」を演出するうえで大きな意味がある。特に米国と協力することは、中国の志向する「G-2」、「新たな大国関係」を印象付けるうえでも外交政策上も望ましい。これらは、COP15時点には存在しなかった要素であり、COP21成功の大きな背景といえよう。

議長国フランスの不退転の決意

また、議長国フランスは、国の威信にかけて合意を作り出す不退転の決意であった。首相経験者であるファビウス外務大臣が陣頭指揮をしたのも、

その決意の現れである。新たな枠組み合意を目指すという地球温暖化交渉の歴史に残る COP が欧州で開催されるのは、コペンハーゲンに次いで 2 度目である。コペンハーゲンでの無残な失敗がデンマークのみならず欧州の威信低下を招いたことを考えれば、パリでの失敗は絶対に避けねばならない。2015 年 11 月にパリ中心部で起きたイスラム過激派によるテロ攻撃は世界に大きな衝撃を与え、世界から要人が集まる COP21 を予定どおり行うのかという疑問もささやかれた。しかし、フランスはそういった懸念を振り払い、COP21 を敢然と決行した。それだけに COP21 で歴史的合意を取りまとめ、フランスの国威を世界に示すことが一層の至上命題となったことは想像に難くない。加えて COP21 直後の同年 12 月 13 日には第 2 回地方選挙を控えていた。直前の第 1 回地方選挙で極右政党国民戦線の躍進を許したオランド大統領にとって国際協力、マルチラテラリズムの象徴ともいうべき地球温暖化問題で是非とも得点をあげたいところであった。

合意を欲した途上国

議長国フランスと第 1 位、第 2 位の排出国である中国、米国が前向きであったとしても、国連交渉は 190 カ国を超える国が合意しなければ前に進まない。その意味で途上国の多数を占めるアフリカ諸国、後発発展途上国、島嶼国などが合意を欲していたという要素も大きい。彼らにとって最大の関心事は、先進国からの支援確保である。経済力の強い新興途上国や、目減りしているとはいえ、石油収入の蓄積のある産油国とは事情が違う。会議が決裂して資金援助や技術援助が宙に浮いてしまえば、困るのは彼らのように地球温暖化に脆弱な国々である。また、脆弱国の目から見れば、大排出国となった中国、インドにも排出削減に取り組んでもらわねば困る。今回の COP で米国、EU などと島嶼国、アフリカ諸国などが「野心連合 (High Ambition Coalition)」を組んだことは、G77 ＋中国のなかで分断

が進んでいることを示すものであり、特にCOP15における中国を髣髴させるような強硬姿勢の目立ったインドへの一定の牽制となったことは想像に難くない。

国連プロセスの信頼確保

更に、若干、皮肉っぽい見方になるが、この交渉プロセスに参加している交渉官全員が「パリの失敗」を避けたかったのではないか。各国交渉官、特に途上国の交渉官は、このプロセスを「飯の糧」にしている人が多い。多くの期待を集めながらコペンハーゲンが失敗に終わった際、国連プロセスへの重大な疑問符が付き、G20などで実質的な議論を行うべきだという論調が一時持ち上がった。しかし、国連プロセスはしぶとい回復力を示し、COP16では見事に合意形成に成功し、信頼回復に成功している。米国、中国が前向きになっているという格好な材料がありながら、合意形成に失敗するというわけにはいかなかったのであろう。

京都議定書ファクターの不在

コペンハーゲンに向けての交渉を難しくしていたひとつの背景は、京都議定書第2約束期間の存在である。当時、国連交渉では長期協力特別作業部会（AWG-LCA）でポスト2013年枠組みの交渉が進んでいる一方で、京都議定書特別作業部会（AWG-KP）では第2約束期間の議論が進められていた。先進国のみが義務を負うという京都議定書的な二分法にこだわる途上国は、京都議定書第2約束期間の設定をポスト2013年枠組み交渉の進展の条件とする戦術をとっていた。京都議定書が依然として「生きて」いたことが、すべての国が参加する枠組みの策定の阻害要因になったのである。しかし、COP21交渉では、こうした京都議定書ファクターは消滅していた。地球レベルの温室効果ガス削減にとって京都議定書のような枠

組みは何の役にも立たないことは明らかであり、京都議定書第2約束期間の設定を受け入れたEUですら、第3約束期間という議論には見向きもしなかった。また、京都議定書のように目標数値に拘束力をもたせる枠組みには米国や新興国が乗ってこないという点についても、共通認識が広がっていた。もちろん、EUや島嶼国のように引き続き京都議定書のような目標数値に義務を持たせる枠組みを主張する国々、有志途上国のように先進国のみが義務を負う枠組みを主張する国々もいたが、それは多分に交渉上のポジションあり、本気でそれが実現可能であると信じていたとは思えない（そうであるとすれば交渉官失格であろう）。交渉成果の暗黙の了解は、カンクン合意をモデルとしたボトムアップのプレッジ＆レビューであった。コペンハーゲンの頃と比較すると、京都議定書策定後18年を経て地球温暖化交渉の地合いも変化・成熟しており、それが交渉妥結にプラスの要素となったといえよう。

フランスの会議運営の巧みさ

　議長国フランスの会議運営の巧みさも特筆せねばならない。彼らは、コペンハーゲンの失敗の経験を綿密に研究していたに違いない。コペンハーゲンでは、「歴史的合意を首脳レベルで」という舞台演出を想定した。しかし、現実には、加盟国間の対立が激しく、交渉がまったく収斂していない2週目中盤に首脳が続々と到着することになった。首脳レベルで合意成立を嘉するはずが、一向に交渉妥結の兆しが見えないことにオバマ大統領、メルケル首相などが危機感を覚え、前代未聞の首脳自身による少人数ドラフティング交渉が始まることとなった。その結果、皆の関心は、小部屋での交渉に集中し、その他の首脳のステートメントには、誰も注意を払わない結果となった。更にそのようにして出来上がったコペンハーゲン合意を、いきなり全体会合に出し、そのまま受け入れてくれといった結果、手続き上の瑕疵、不透明性を指摘され、採択ではなく留意に終わってしまった。

COP15 終盤、デンマークは議長国としての当事者能力を事実上喪失していたといってよい。

　これに対し、フランスは最後まで議長として運転席に座り続けた。首脳プロセスを会議冒頭に持ってきたのは、コペンハーゲンの失敗に学んだ知恵だろう。首脳が来るということは各国交渉団にとって一大事であり、その分、交渉に注ぐマンパワーが削がれることになる。首脳が冒頭でステートメントを行い、交渉にモメンタムを与えつつ、あとは交渉官と閣僚、そして、議長国フランスのハンドリングに任せることにすれば、交渉にマンパワーを集中できる。

　透明性、全員参加にも最大限の配慮を払ったものであった。COP15 では、デンマークが用意していた「議長テキスト」が新聞にすっぱ抜かれ、途上国の不信を招き、会議が胸突き八丁にかかる 2 週目の大事な局面で議長提案を出すきっかけを失ってしまった。コペンハーゲン合意の採択に失敗したのは、少数国首脳による密室での協議が手続上の批判を招いたことによる。今回、フランスは、1 週目で終了した ADP 交渉を引き継ぎ、自然かつ円滑な形で議長テキストを出した。全体会議場のそこかしこでテーマに応じた「解決のためのインダバ」を行わせ、「見えないところで少数国の間で何かが進んでいる」という印象を与えないようにした。地球温暖化交渉では、途上国がプロセスに難癖をつけ、交渉が停滞することが日常茶飯事だが、今回の COP ではそうした手続上のトラブルが驚くほど生じなかった。フランスが G77 ＋中国の議長国である南アフリカや、フランスの影響が強いアフリカ諸国と密接に連絡を取っていたことも奏功したのであろう。

　また、COP15 最終局面で手続き上の瑕疵を理由に大暴れしたボリビア、ベネズエラをイシューごとの閣僚級ファシリテーターとして取り込んだこともフランスらしい老獪さである。COP15 終盤に手続き上の瑕疵を理由に議長国デンマークに激しく詰め寄ったベネズエラのクラウディア・サレルノ首席交渉官がパリ協定採択の際には、満面の笑みで議長国フランスと

合意内容を称えていたのは一代の奇観であった。

　議長ドラフトの出し方もよく考えられたものであった。10日夜に出された第2次テキストは、第1次テキストから途上国に更に大きく寄ったものとなっていた。資金面では1000億ドルを下限とする数値目標を設定し、支援額についても2年に1度の報告義務、先進国は資金援助義務、その他の国の資金供与は自主的・補完的といった途上国寄りのテキストがブラケットなしで提示されていた。他方、先進国が最も重視する透明性フレームワークについては、先進国と途上国の二分化を容認するようなオプションが残されていた。資金面については、途上国寄りのクリーンテキストをそのままにし、透明性については途上国寄りのオプションと先進国が支持するオプションの間で着地点を探るというのでは、先進国にとって受け入れられない。フランスもそんなことは百も承知だったはずである。大詰めの段階で「途上国が反発して合意に失敗するリスクはあるが、先進国は、最後には合意を壊さないだろう」という読みに基づき、まずは途上国に大きく寄ったテキストを出し、途上国の支持を取り付けようとしたのではないか。そのあと、最終テキストでは先進国のコメントを入れて途上国に大きく振れた資金のテキストの振り子を戻す一方、透明性については先進国の重視する「先進国、途上国共通のフレームワーク」をベースとしつつ、次章で説明するように途上国への配慮条項を随所に書き入れた。全体的には途上国側への配慮が引き続き目立つものの、大きく途上国寄りだったテキストを真ん中方向に戻しているため、先進国の納得も得やすい。交渉の「相場」をうまくコントロールしたといえよう。

　いずれも外交達者、粘り腰のフランスらしい老獪さである。理念先行型、猪突猛進型のデンマークとは役者が違うといわねばなるまい。

交渉官も人の子

　開催地の環境が交渉官の心理に与える影響も馬鹿にならない。COP15

は国際交渉のおかれた環境が厳しかったこともももちろんだが、冬のコペンハーゲンの寒さと暗さ、食べ物の不味さと値段の高さなどが交渉官のメンタリティをより対立的なものにしたことは否めない。ニューヨークタイムズの記事によれば、フランスはCOP議長国を引き受けた直後から世界各国のフランス大使館、総領事館に指示を出し、フランスの武器であるワインやフランス料理を使って各国の関係者とのネットワーク強化に腐心したという。オープンサンドイッチくらいしか売り物のないデンマークにはできない芸当である。また、COP21は、暖冬のせいか気候も比較的おだやかで、会場の至る所で美味しいPaulのパンやエスプレッソコーヒーが良心的な値段で売られており、交渉が深夜に及んでも必ず温かい食べ物が食べられるような配慮がなされていた。交渉官も人の子である。こういった有形無形のソフトパワーが交渉官の心理にポジティブな影響を与えた側面は無視できないと考える。

第5章 パリ協定で何が決まったのか

パリ協定のエッセンス

　パリ協定は 29 条、項数では 131、パリ協定を採択した COP 決定はパラグラフ数 140 にのぼる。パリ協定の構成は、目的、緩和、吸収源、市場メカニズム、適応、損失と損害、資金、技術、キャパシティビルディング、透明性フレームワークなど、幅広い範囲をカバーする。これを一読して理解することは容易ではないのだが、非常に簡略化すれば、パリ協定のエッセンスは以下のように要約できる。

　第 1 に産業革命以降の温度上昇を 1.5 〜 2℃以内に抑えることを目指し、そのためにできるだけ早期に世界の温室効果ガス排出量をピークアウトし、今世紀後半には温室効果ガスの排出と吸収のバランスを目指すとの地球全体の長期目標を定めたことである。

　第 2 に各国に対して温室効果ガスの削減・抑制のための国別貢献（目標）設定、条約事務局への通報、実施状況についての定期報告を義務付けたことである。各国の提出した情報は、専門家によるレビューを受け、多国間の議論に付される。目標は 5 年ごとに更新・提出することが求められる。また、各国は、長期目標を念頭に長期低排出発展戦略を策定するよう努めることとされている。

　第 3 に各国の行動の総和が長期目標の達成に向かっているかどうかをチェックするため、グローバルストックテークという枠組みが設けられたことである。その結果は、各国の今後の目標見直しの参考とされる。

　パリ協定は法的拘束力のある枠組みであるが、京都議定書と異なり、各国の目標達成は義務付けられていない。各国の義務は、目標を設定・更新し、進捗状況を定期的に報告し、レビューを受けることである。その意味でパリ協定は、カンクン合意の流れを組むプレッジ＆レビューに基づく枠組みであるが、カンクン合意との違いは、長期目標との整合性をチェックするために定期的なグローバルストックテークというメカニズムが組み込まれていることである。各国がボトムアップで設定する目標の総和と、トッ

第5章 パリ協定で何が決まったのか

プダウンで設定した地球全体の目標との整合性を目指しているという意味でハイブリッド型の枠組みといえよう。

　パリ協定の一番のキモとなるのは、煎じ詰めれば以上のとおりである。しかし、冒頭に述べたようにパリ協定の扱う範囲は幅広く、中身を理解するためにはパリ協定本体のみならず、パリ協定を決議したCOP決定も読む必要がある。更に激しい交渉の結果合意された文書であるため、随所に相反する利害を調整するための工夫が見られ、非常にわかりにくい文章になっている。例えば、助動詞ひとつをとってみても、法的拘束力を意味するshallなのか、努力規定を示すshouldなのか、文章の後ろについた考慮要素や但し書きは何を意味するのかなど、極端にいえば一つひとつの表現に理由がある。国際交渉の成果文書では「悪魔は細部に宿る」なのである。

　以下、交渉が難航した事項について条文に即して詳しく見ていこう。重要と思われる部分には、原文もつけた。煩雑と思われるかもしれないが、「国

図2：気候変動枠組みの変遷

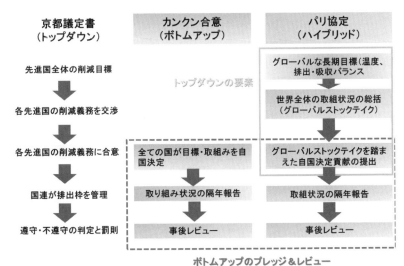

［出典］上野貴弘氏・電力中央研究所主任研究員

際交渉とはそういうものだ」と思ってお付き合い願いたい。また、パリ協定及び関連 COP 決定の全文を巻末に掲げているので、本文中の条文番号、パラグラフ番号を手がかりに随時、原文をご覧いただきたい。

パリ協定の目的（第 2 条）

　パリ協定第 2 条では、本協定の目的として「世界的な平均気温上昇を産業革命以前に比べて 2℃より十分低く保つとともに、1.5℃に抑える努力を追求すること」（第 1 項 (a)）、「適応能力を向上させること」（第 1 項 (b)）、「資金の流れを低排出で強靱な発展に向けた道筋に適合させること」（第 1 項 (c)）などによって、気候変動の脅威への世界的な対応を強化することであると規定している。また、第 2 項では、「この協定は、衡平及び各国の異なる事情に照らしたそれぞれ共通に有しているが差異のある責任及び各国の能力の原則を反映するよう実施する」と規定した。

　本条で特記すべき点は、初めて国際条約に温度目標が記載されたことである。第 2 条の柱書「This Agreement… aims to strengthen the global response to the threat of climate change…, including by：」を受けて、「(a) Holding the increase in the global temperature to well below 2℃ above pre-industrial levels and to pursue efforts to limit the temperature increase to 1.5℃ above pre-industrial levels…」となっており、「aims to（目指す）」という用語は努力目標と解釈される。しかし、気候変動枠組条約第 2 条では、「この条約及び締約国会議が採択する法的文書には、この条約の関連規定に従い、気候系に対して危険な人為的干渉を及ぼすこととならない水準において大気中の温室効果ガスの濃度を安定化させることを究極的な目的とする。そのような水準は、生態系が気候変動に自然に適応し、食糧の生産が脅かされず、かつ、経済開発が持続可能な態様で進行することができるような期間内に達成されるべきである」と規定されているのみで、具体的な濃度目標や温度目標は記載されていない。カンクン

合意前文においては、「IPCC（気候変動に関する政府間パネル）第4次評価報告書にあるように、産業革命以降の温度上昇を2℃以下に抑制するためには大幅な温室効果ガスの抑制が必要であり、締約国は、この長期目標を満たすために迅速な行動が必要であることを認識する。また、最良の科学的知見に基づき、1.5℃を含む長期目標の強化を検討する必要があることを認識する」という文言が入っていたが、あくまで「認識」の対象であった。今回は、特定の温度が「認識」を超えて条文本体の目的に入り、しかもカンクン合意の「2℃以下（below 2℃）」が「2℃を大幅に下回る（well below 2℃）」に強化され、更に「1.5℃を目指す」という文言も加わったのは大きな違いである。加えてCOP決定パラ21では、IPCCに対して2018年に1.5℃目標を達成するための温室効果ガス排出経路についての特別レポートの作成することを指示している。

　1.5℃への言及は、島嶼国や環境NGOが強く求めていたものであり、彼らが今回の合意で最も高く評価するのは、この部分であろう。地球温暖化の被害を最も甚大に受けるといわれる島嶼国は、地球温暖化交渉のなかで特殊な地位を占めている。彼らの賛同を得るために温度目標の文言が強化されたわけだが、後述するように、これは今後に向けて大きな課題を残すことにもなった。

　温度目標と併せて資金フローが目的に明記されたのも本条の特色である。この点は、本交渉の目的を先進国からの支援獲得に置いていた多くの途上国の強い主張を踏まえたものであり、以後、「資金」はパリ協定の随所に登場することになる。

　もうひとつ特筆すべき点は、第2項の「各国の異なる事情に照らしたそれぞれ共通に有しているが差異のある責任及び各国の能力の原則（principle of common but differentiated responsibilities and respective capabilities, in the light of different national circumstances）」という表現である。気候変動枠組条約、京都議定書、ポスト2013年交渉を通じて常に交渉を呪縛してきたのが「共通だが差異のある責任と各国の能

力」、いわゆる CBDRRC（Common But Differentiated Responsibilities and Respective Capabilities、通常は短縮して CBDR と呼ばれる）であり、先進国、途上国の差異化の根拠とされてきた。今回の交渉の最大の争点は条約上の原則である CBDR を条約策定後の国際経済環境変化のなかで、どのように新たな法的枠組みに反映させていくかにあった。パリ協定では、従来の CBDR に「各国の異なる状況に照らして」を加えることにより、CBDR が固定的なものではなく、各国の経済発展の変化を踏まえてダイナミックに解釈されることを含意することとなった。この表現は、リマの COP20 で合意されたものであるが、今回、新たな法的枠組みに盛り込まれることとなったわけである。後述するように、パリ協定には附属書Ⅰ国、非附属書Ⅰ国という表現ではなく、先進締約国、開発途上締約国という、よりダイナミックな解釈が可能な主語が用いられていることと併せ考えれば、今後は CBDR を根拠に 1992 年当時の先進国、途上国分類に基づく差別化を主張することが難しくなることを含意している。BBC は、「CBDRRCILDNC が合意を導き出した」と報じているが、交渉官は今後の交渉で、CBDR ではなく、その 3 倍近い長さの舌を噛みそうな略語を連発することになるだろう。

　パリ協定第 3 条では、本協定の総則として「締約国は、気候変動への世界的な対応への自国が決定する貢献（NDC：Nationally Determined Contribution）に関し、この協定の目的達成のため、第 4 条（緩和）、第 7 条（適応）、第 9 条（資金）、第 10 条（技術）、第 11 条（キャパシティビルディング）及び第 13 条（透明性）に定める野心的な取組を実施し、提出する。締約国の取組は、この協定を実効的に実施するために開発途上締約国を支援する必要性を認識しつつ、長期的に前進を示す」と定めている。

　COP21 に先立ち、各国は地球温暖化防止に対する貢献として約束草案（INDC：Intended Nationally Determined Contribution）を提出してきたが、パリ協定を批准後は「約束草案（INDC）」が「自国が決定する貢

献(NDC：Nationally Determined Contribution)」になり、その達成に努力することになる(以後、簡略化のため、NDCと呼ぶこととする)。COP決定パラ22では、「批准、加入、承認書の寄託よりも前に最初のNDCを提出することが求められているが、パリ協定参加前に約束草案を提出した締約国については、別の決定をしない限り、この要請を満たしたものとみなす」と規定されており、日本のように既に約束草案を提出した国は、新たな提出手続は不要となる。

緩和(第4条)

　パリ協定第4条では、緩和(温室効果ガスの削減・抑制)に関する規定が盛り込まれた。第1項では、上記の温度目標を達成するため、「今世紀後半に温室効果ガスの排出と吸収のバランスを図るべく」、「開発途上締約国のピークアウトには、より長い時間がかかることを認識しつつ、できるだけ早く温室効果ガスのピークアウトを目指し」、「そのあと、迅速に排出を削減する」こととされた。交渉途上では、2015年6月のエルマウサミット首脳声明に盛り込まれた「2050年までに2010年比40～70%の高いほうの削減を目指す」との全球削減目標も検討されたが、中国、インドなどの強い反対によって盛り込まれなかった。第2章で述べたように、たとえ全地球の削減目標であろうと、先進国の総量削減目標を差し引けば、結果的に途上国にとっても総量目標がかかることを強く警戒したからである。温度目標を排出削減目標に「翻訳」するためには、産業革命以降の温室効果ガス濃度が倍増した場合、どの程度の温度上昇をもたらすかという「気候感度」を決める必要があるが、後述するように、気候感度のレベルについては、科学的にまだ多くの不確実性がある。地球全体の温度目標には合意できたが、地球全体の排出削減目標は合意できなかったのにはそういった背景もある。

　第2項では、「各締約国が累次のNDC(削減目標・行動)を作成、提

出、維持する。また、NDC の目的を達成するための国内措置をとる（Each Party shall prepare, communicate and maintain successive nationally determined contributions that it intends to achieve. Parties shall pursue domestic mitigation measures, with the aim of achieving the objectives of such contributions）」と規定された。主語が先進締約国、開発途上締約国で差別化されず、すべての締約国が緩和に向けて目標を設定することが法的拘束力を示す shall という助動詞で義務付けられたことは特筆大書してよい。先進国のみが数値目標と義務を負う京都議定書からの非常に大きな転換であり、すべての国が参加する枠組みの根幹となる非常に重要な規定である。

第3項では、「累次の NDC は、各国の異なる事情に照らしたそれぞれ共通に有しているが差異のある責任及び各国の能力を反映し、従前の NDC を超えた前進を示し、及び可能な限り最も高い野心を反映する（Each Party's successive nationally determined contribution will represent a progression beyond the Party's then current nationally determined contribution and reflect its highest possible ambition, reflecting its common but differentiated responsibilities and respective capabilities, in the light of different national circumstances）」と規定された。第9項では、各締約国は5年ごとに NDC を提出せねばならないとされている。日本では、「5年後との見直しの際、野心のレベルを引き下げることは許されず、段階的に引き上げねばならない後退禁止条項」との報道もみられたが、この規定の助動詞は法的拘束力を示す shall よりもずっと弱い will であり、いわば努力目標といってよい。法的拘束力を持たせる shall となった場合、各国の一度提出した NDC が事実上の下限値として法的拘束力を持つことになってしまう。これは、米国、中国をはじめ多くの国にとって受け入れられるものではなく、助動詞が will で決着した。この規定の解釈に当たっては、こうした交渉経緯を念頭におくべきであろう。

第4項では、「先進締約国は、全経済にわたる排出の絶対量の削減目標

第 5 章　パリ協定で何が決まったのか

をとることによって、引き続き先頭に立つべき。開発途上締約国は、緩和努力を高めることを継続すべきであり、各国の異なる事情に照らしつつ、全経済にわたる排出の削減又は抑制目標に移行することを奨励される（Developed country Parties should continue taking the lead by undertaking economy-wide absolute emission reduction targets. Developing country Parties should continue enhancing their mitigation efforts, and are encouraged to move over time towards economy-wide emission reduction or limitation targets in the light of different national circumstances）」と規定された。ここで注目すべきは、パリ協定を通じて「先進締約国」と「開発途上締約国」という表現が使われ、気候変動枠組条約や京都議定書のように「附属書Ⅰ国」「非附属書Ⅰ国」という表現が使われていないことである。各国の発展段階は進化するのであり、1992年の気候変動枠組条約当時の国の区分を固定する「附属書Ⅰ国」「非附属書Ⅰ国」という用語を使わなかったことは高く評価される。なお、本項では、先進締約国、開発途上締約国いずれも助動詞は should となっているが、フランスが提示した最終案の段階では先進締約国が shall、開発途上締約国が should と使い分けされていた。最終案配布後に開催されたパリ委員会では、キンリー事務局次長が本件を含むいくつかの「テクニカルエラー」を早口で読み上げ、間髪をいれずファビウス議長が「今事務局から提示されたテクニカルエラーを修正するとの理解のうえでパリ協定を採択する」と木槌を下した。しかし、shall と should では法的拘束力がまったく異なり、通常であれば「テクニカルエラー」で片づけられる話ではない。ニューヨークタイムズでは、最終のパリ委員会開催前に米国のケリー国務長官が「このままでは、米国は採択に参加できない」とファビウス議長に迫り、修正させたという内輪話が暴露されている。

　第 8 項では、すべての締約国は NDC の提出に当たって明確性、透明性、理解増進のために必要な情報を提供すること、第 9 項では後述の第 14 条のグローバルストックテークの結果を踏まえ、5 年ごとに NDC を提出す

ることが義務付けられた（助動詞はいずれも shall）。また、COP 決定パラ 23、パラ 24 では、2025 年目標の国は 2020 年までに、そのあとは 5 年ごとに新たな NDC を提出し、2030 年目標の国は 2020 年までに、そのあとは 5 年ごとにその NDC を提出又は更新することが要請された。2030 年目標を提出した日本の場合、2020 年に現在と同じ目標を提出することが認められることになる。更に第 10 項では、第 1 回パリ協定締約国会合において NDC の共通のタイムフレームを検討することが定められた。これは、現在バラついている目標年次を揃えていこうという趣旨である。

　第 12 項では、締約国の提出した NDC は条約事務局が管理する公的な登録簿に記載されることが規定された。京都議定書のように附属書に目標値を記載した場合、変更するたびにパリ協定の改正が必要となるため、制度の安定性に配慮した措置であろう。

　第 19 項では、「すべての締約国は、各国の異なる事情に照らしたそれぞれ共通に有しているが差異のある責任及び各国の能力を考慮し、第 2 条（協定の目的）に留意し、長期温室効果ガス低排出発展戦略を作成、提出するよう努めるべき（should strive to）」と規定された。地球温暖化問題は長期の問題であり、2030 年を念頭においた中期目標である NDC のみならず、長期的な戦略が必要であるという考えに基づくものである。COP 決定パラ 36 では、「締約国に対し、パリ協定第 4 条第 19 項に基づき、2020 年までに今世紀半ばの長期温室効果ガス低排出発展戦略を条約事務局に提出することを慫慂（invite）する」とされている。2016 年 6 月の伊勢志摩サミットにおいては、G7 諸国は「世界の平均気温の上昇を、工業化以前の水準と比較して 2℃を十分に下回るものに抑え、1.5℃までに制限するための取組を追求すること並びに今世紀後半に人為的な排出と吸収源による除去との均衡を達成することの重要性に留意しつつ、2020 年の期限に十分に先立って今世紀半ばの温室効果ガス低排出型発展のための長期戦略を策定し、通報することにコミットする」とされた。

市場メカニズム等（第6条）

今回の交渉における争点のひとつは、市場メカニズムを認めるか否かであった。日本を含め多くの国々は、何らかの形で温室効果ガス削減量の国際移転を認めるべきとの主張を行っており、バリ行動計画以来、ずっと議論が行われてきたが、ベネズエラ、ボリビアのような社会主義国が市場メカニズムに強固に反対していたため、議論は進展しないままであった。

パリ協定第6条第1項では、「締約国がNDCの実施に当たって自主的な協力を行うことを選ぶことがある」(some Parties choose to pursue voluntary cooperation in the implementation of their nationally determined contributions) ことを認識し、第2項では、「NDC達成のために緩和成果の国際的移転を含む自主的な協力的アプローチを行う場合、…ガバナンスを含む環境十全性と透明性を確保し、ダブルカウントの防止を含む強固なアカウンティングを適用する」と規定された（Parties shall, where engaging on a voluntary basis in cooperative approaches that involve the use of internationally transferred mitigation outcomes towards nationally determined contributions…ensure environmental integrity and transparency, including in governance, and shall apply robust accounting to ensure, inter alia, the avoidance of double counting…)。また、第3項では、「緩和成果の国際移転は自主的なものであり、当事国が承認する」(The use of internationally transferred mitigation outcomes to achieve nationally determined contributions under this Agreement shall be voluntary and authorized by participating Parties) と規定された。この第2項、第3項は、「自主的メカニズム」というべきものであり、まさしく日本が追求してきた二国間クレジット制度（JCM）の考え方と一致する。日本にとって今次交渉の大きな成果のひとつといえよう。

他方、第6条第4～第7項では、パリ協定締約国会合の元に設立され、

その監督を受ける新たなメカニズムについても規定されている。第4～第7項の新たなメカニズムが「パリ協定締約国会合の元で設立・管理される」と明記されていることにより、反対に解釈すれば、第2項、第3項の自主的メカニズムがパリ協定締約国会合の管理下にないことが確保されているともいえる。注意すべきは、第2項、第3項に基づく緩和成果の国際移転がパリ協定締約国会合の採択するガイダンスと整合的（consistent with guidance adopted by the Conference of the Parties serving as the meeting of the Parties to the Paris Agreement）であることが求められるということである。パリ協定の元に設立される新たなメカニズムのルール、手続についても今後、パリ協定締約国会合において定められることになる。当事国間で弾力的・機能的に運用すべき第2項、第3項のガイドラインが国連管理型の第4～第8項のメカニズムのルール、手続のコピーになることは厳に避けるべきである。かつて京都メカニズムの制度設計に関与した経験に照らせば、国連で策定するルールや手続は、ビジネス実態を無視した制限的、官僚的なものになりやすい。第2項、第3項のガイダンスが過度に制限的なものとなり、二国間クレジット制度のメリットである柔軟性、機動性を損なうことのないよう、今後心して交渉せねばなるまい。

なお、第6条第8項、第9項には、ベネズエラやボリビアなどが主張する「非市場型アプローチ」も盛り込まれた。緩和と適応の野心レベルの向上、各国の貢献に対する官民セクターの参加促進などを目的とするとされているが、その意味するところはまったく不明である。第1～第8項で市場メカニズムに関する規定を設けるに当たり、これらを拒否してきたベネズエラやボリビアなどを黙らせるために、彼らの主張も併せて書き込んだという妥協の産物であろう。

ロス＆ダメージ（第8条）

地球温暖化に伴う「ロス＆ダメージ（損失と損害）」に関する規定は、

温度目標と並んで島嶼国が強く主張していた点であるが、先進国は、気候変動枠組条約にない新たな概念が盛り込まれ、先進国の法的責任（liability）や補償（compensation）につながることを強く警戒し、あくまで既にプログラムが存在する適応の一環として取り組むことを主張してきた。特に訴訟大国の米国は、ロス＆ダメージに基づく訴えが頻発するような事態になることは何としてでも避けねばならなかった。

　パリ協定では、適応（第7条）とは別途の条文（第8条）でロス＆ダメージを規定し、島嶼国の要求を一部盛り込むこととなった。ただし、その文言は、「気候変動の悪影響に伴うロスやダメージを回避し、最小化し、取り組むことの重要性を認識する」（第1項）、「気候変動のインパクトに伴うロス＆ダメージのためのワルシャワ国際メカニズムは、パリ協定締約国会合の元におかれ、締約国会合の決定に基づき強化される」（第2項）、「締約国は、ワルシャワ国際メカニズムを通じ、協力的、促進的にロス＆ダメージに関する理解、行動、支援を強化する」（第3項）という穏当なものとなった。「ワルシャワ国際メカニズム」とは、カンクン合意で設立された適応枠組みの下に置くものとしてCOP19（ワルシャワ）で合意されたものである。ロス＆ダメージに関するデータやベストプラクティスなどの知見の共有、条約内外の関係機関との連携、資金、キャパシティビルディングなどの支援などを検討することとされており、COP22（モロッコ）で見直すことになっている。また、第8条に関するCOP決定パラ52では、「パリ協定第8条は、責任や賠償の根拠とはならない（Agrees that Article 8 of the Agreement does not involve or provide a basis for any liability or compensation)」と明記された。このようにロス＆ダメージの規定を設けることにより、島嶼国の顔を立てつつ、内容面では、責任や賠償の根拠にはならないと明記することで先進国の懸念を払拭するものとなった。島嶼国の主張を容れて温度目標が強化されたこととのパッケージであったと解釈できよう。

資金援助(第9条)

　資金援助(第9条)は、今次交渉において透明性(第11条)と並んで最も交渉が難航した部分である。ほとんどの途上国にとって交渉に参加している動機は、先進国からの支援の上積みであるから、それも当然であろう。

　交渉の大きな争点のひとつは、資金援助の出し手を従来のような先進国オンリーから中国など、能力のある途上国にも拡大できるかであった。この点については、資金援助の主体を先進締約国及び「その(資金援助を行う)立場にある他の締約国 (in a position to do so)」、「その能力のある (with the capacity to do so)」、「その意思のある (willing to do so)」などがオプションとされていたが、パリ協定最終案のひとつ前の議長テキストでは、「他の締約国は、自主的かつ補完的な形で資金供与するかもしれない (Other Parties may, on a voluntary and complementary basis, provide …)」という途上国に大幅に譲った表現となっていた。これには、先進国が強く反発し、土壇場の交渉で相当強く議長国フランスにねじ込んだであろうことは想像に難くない。

　パリ協定第9条第1項では、「先進締約国は、条約に基づく既存の義務の継続として、緩和と適応に関連して、開発途上締約国を支援する資金を提供する (Developed country Parties shall provide financial resources to assist developing country Parties with respect to both mitigation and adaptation in continuation of their existing obligations under the Convention)」とされ、第2項では、「他の締約国は、自主的な資金の提供又はその支援の継続を奨励される (Other Parties are encouraged to provide or continue to provide such support voluntarily)」とされた。「支援するかもしれない」という直近の議長テキストに比べて、「支援することを奨励される」という、より前向きな表現となり、先進国の主張が一部取り入れられた形となった。

第3項では、「世界的な努力の一環として、先進締約国は、公的資金の重要な役割に留意しつつ、広範な資金源、手段、経路からの、国の戦略の支援を含めたさまざまな活動を通じ、開発途上締約国の必要性及び優先事項を考慮した気候資金の動員を引き続き率先すべき。気候資金の動員は、従前の努力を超えた前進を示すべき（developed country Parties should continue to take the lead in mobilizing climate finance from a wide variety of sources, instruments and channels, noting the significant role of public funds ⋯. Such mobilization of climate finance should represent a progression beyond previous efforts）」と規定された。第1項の助動詞がshallであるのに対し、第3項の助動詞はshouldであり、米国と中心とする先進国の懸念を踏まえ、公的資金を中核とすることや、資金動員の増額が法的義務とならないような表現ぶりとなっている。

カンクン合意では、2020年までに先進国から途上国に対し、年間1000億ドルの資金援助を行うことが規定されていたが、今次交渉では、条約本体に新たな数値目標を書き込むかどうかも大きな争点であった。激しい交渉の末、協定本体ではなく、COP決定パラ54に「先進締約国は、開発途上締約国の意味のある緩和行動と透明性のコンテクストの下で既存の資金動員目標（年間1000億ドルを指す）を2025年まで継続する意向であり、2025年に先立ってパリ協定締約国会合は1000億ドルを下限として新たな数値目標を定める（Also decides that⋯developed countries intend to continue their existing collective mobilization goal through 2025 in the context of meaningful mitigation actions and transparency on implementation; prior to 2025 the Conference of the Parties serving as the meeting of the Parties to the Paris Agreement shall set a new collective quantified goal from a floor of USD 100 billion per year）」という文言が入った。協定本体から法的拘束力のないCOP決定に落とすことにより先進国の懸念に対応した形である。

数値目標がCOP決定に落とされたとはいえ、先進締約国は、開発途上

締約国に対する公的資金の移転を含め、資金援助に関する量的、質的報告を2年に1度行うことを義務付けられ（第5項）、公的介入を伴う資金援助に関する透明性のある情報を2年に1度提供することが義務付けられる（第7項）。また、第14条のグローバルストックテークの際にも、先進締約国による資金援助の情報が考慮される（第6項）。先進国に対して間断なく途上国への資金援助についてのプレッシャーがかかる形となっており、途上国の主張が相当部分取り入れられている。この部分なくして途上国の同意を得ることは不可能であったというべきであろう。

技術開発・移転（第10条）

　パリ協定第10条は、技術開発・移転について規定している。第10条第4項では、技術開発・移転を推進する技術メカニズムに横断的なガイダンスを与える目的で「技術フレームワーク」を設置することが規定された。COP決定パラ68では、2017年5月の補助機関会合（SBSTA）で技術フレームワークの詳細の検討を開始することとされている。技術移転における最大の論点は知的財産権の扱いであった。特にインドが知的財産権を技術移転の障壁とみなし、エイズ特効薬と同様に環境に優しい技術の知的財産権の強制許諾や、知的財産権に守られた技術獲得に対する資金援助を強く求めていたのである。知的財産権は、技術開発の基礎インフラともいうべきものであり、多大なリスクとコストをかけた知的財産権が強制許諾の対象となったのでは、イノベーション（技術革新）を阻害することになりかねない。このため先進国は、一体となってインドの主張に反対してきた。幸いなことに技術交渉グループの調整努力により、パリ協定からは、知的財産権に関する言及は一切なくなった。もちろん火種が皆無ではない。COP決定パラ68では、技術フレームワークの目的のひとつとして、「社会面、環境面で健全な技術の開発・移転を可能にするような環境整備と障壁への取組を強化する（The enhancement of enabling environments for and the addressing of barriers to the development and transfer of socially and environmentally sound technologies)」が盛り込まれている。今後の交渉において、この「障壁」のなかで、知的財産権の問題が蒸し返される恐れもある。しかし、「障壁」というのは、いろいろなものを含み得る概念であり、先進国の目から見れば、途上国の投資環境の悪さや知的財産権制度の未整備なども立派な「障壁」であり、双方向からのいろいろな議論が可能である。

また、パリ協定第10条第5項には、「イノベーションの加速、促進は長期的な気候変動への対応や経済成長の促進、持続可能な発展にとって重要。そうした努力は、研究開発の協力的アプローチに対する技術メカニズム、資金メカニズムや、特に技術サイクルの早期段階に対する開発途上締約国のアクセスの容易化を通じて支援される（Accelerating, encouraging and enabling innovation is critical for an effective, long-term global response to climate change and promoting economic growth and sustainable development. Such effort shall be, as appropriate, supported, including by the Technology Mechanism and, through financial means, by the Financial Mechanism of the Convention, for collaborative approaches to research and development, and facilitating access to technology, in particular for early stages of the technology cycle, to developing country Parties)」という文言が入った。これまでの地球温暖化交渉では、先進国から途上国への既存技術の移転に焦点が当たってきたが、地球温暖化問題を究極的に解決するためには、現在の技術体系では不可能であり、革新的技術の開発が不可欠である。その意味でパリ協定がイノベーションの重要性を明記したことは高く評価される。

透明性（第13条）

緩和目標の実施状況に関する情報提供、レビュー（これを総称して透明

性と呼んでいる）を規定した第13条は、今回の交渉のなかで先進国が最も重視した部分である。新たな枠組が京都議定書のように目標値を交渉し、その達成を義務付けるものではなく、目標の策定、登録、レビューといったプロセスを義務付けるものとなるなかで、枠組みの実効性を確保するためには、各国が自国の出した目標達成に向けて努力していることが「見える化」していることが重要だからである。

今次交渉における透明性をめぐる交渉では、まず、そのスコープが議論となった。先進国は、透明性の元で途上国の緩和行動の進捗状況をきちんとフォローすることを重視していた。これに対して途上国は、「自分たちの緩和行動の成否は先進国からの支援次第である。緩和行動の進捗状況をチェックするならば、そのための支援の状況もチェックすべきである」という論理に基づき、透明性のスコープを緩和のみならず、途上国の緩和、適応に対する支援（資金、技術、キャパシティビルディング）も対象とすべきであると主張してきた。この点については、交渉終盤頃には先進国が妥協し、透明性のスコープに支援も加わることが既定方針となっていた。

最後までもめたのが透明性のプロセスにおいて先進国と途上国の差異化をどこまで認めるかという点である。直近の議長テキストでは、NDCの実施状況に関するレビューがすべての締約国に等しく適用されるオプション1と、先進国は「強固なレビューと国際的な評価プロセスを受け、遵守に関わる結論につなげる（robust technical review process followed by a multilateral assessment process, and result in a conclusion with consequences for compliance)」一方、途上国の提供した情報については、「内政干渉的でなく、懲罰的でなく、国家主権を尊重し、先進締約国からの支援に応じた形で、技術的な分析を受け、国際的な場で意見交換を行い、サマリーを作成する（technical analysis process followed by a multilateral facilitative sharing of views, result in a summary report, in a manner that is nonintrusive, non-punitive and respectful of national sovereignty, according to the level of support received from developed country Parties)」というオプション2が併記されていた。オプション2は、露骨な先進国・途上国二分論であり、先進国にとって受け入れられるものではまったくなかった。以上の背景を念頭に、パリ協定の透明性に関する規定を一つひとつ見ていこう。

第13条第1項では、「相互の信頼を構築し実効的な実施を促進するため、締約国の異なる能力を考慮して全体の経験に基づく柔軟性が組み込まれた、行動及び支援の強化された透明性フレームワークを設ける（In order to build mutual trust and confidence and to promote effective implementation, an enhanced transparency framework for action and support, with built-in flexibility which takes into account Parties' different capacities and builds upon collective experience is hereby established)」と規定された。上述のとおり、透明性の対象は、行動（温室効果ガスの削減、抑制）と途上国の緩和、適応への支援の双方となった。

第2項では、透明性フレームワークの実施に当たっては「能力に照らし、柔軟性を必要とする開発途上締約国には、透明性の枠組みの柔軟な運用を認める」とされた。また、本条を引用したCOP決定パラ90では、「開発途上国に対し透明性のスコープ、頻度、報告の詳細度、レビューのスコープの面で柔軟性を認めなければならず、各国訪問審査については選択を認める。こうした柔軟性は、透明性フレームワークのモダリティ、手続、ガイドライン策定に反映されねばならない（developing countries shall be provided flexibility in the implementation of the provisions of that Article, including in the scope, frequency and level of detail in reporting, and in the scope of review, and that the scope of review could provide for in-country reviews to be optimal, while such flexibilities shall be reflected in the development of modalities, procedures and guidelines referred to in paragraph 92 below)」と規定された。先進国、発展途上国がひとつの透明性フレームワークに賛歌するが、そのなかで途上国に然るべく配慮するというものであり、冒頭に掲げたオプション1と

オプション2を足して2で割ったような決着となった。

　第3項では、透明性フレームワークの実施に当たっては「協力的、内政不干渉的、非懲罰的で国家主権を尊重し、締約国に無用の負担を与えない（in a facilitative, non-intrusive, non-punitive manner, respectful of national sovereignty, and avoid placing undue burden on Parties）」こととされている。この表現は、冒頭に掲げた直近の議長テキストでは開発途上締約国の透明性にのみ適用されていたものが、先進締約国、開発途上締約国全体にかかることとなった。

　第5項では、行動（action）の透明性フレームワークの目的を「グッドプラクティス、プライオリティ、ニーズとギャップを含め、パリ協定第2条に規定する気候変動枠組条約の目的に照らした行動に関する明確な理解を提供し、各国のNDCと適応行動の進捗状況をフォローし、第14条のグローバルストックテーク（後述）へのインプットとすること」と規定している。

　第6項では、支援（support）の透明性の目的を「第4条（緩和）、第7条（適応）、第9条（資金）、第10条（技術）、第11条（キャパシティビルディング）において各国が提供し、受領した支援を明確化し、全体としての資金援助額をグローバルストックテークへのインプットとする」と規定している。

　第7項から第10項は、透明性フレームワークのなかで各国が提供する情報を規定している。第7項では、各国が温室効果ガス排出量と吸収量のインベントリーと、NDCの進捗状況把握に必要な情報を定期的に提出せねばならない（shall regularly provide）するとされた。第8項では、適当な場合には気候変動の影響と適応に関する情報も提出するとされた。第9項では、「先進締約国は、開発途上締約国に対して提供した資金、技術移転及び能力開発の支援に関する情報を提出せねばならない（shall provide）」と規定された。他方、支援を提供する先進国以外の締約国は、「当該情報を提出すべき（should provide）」と規定され、先進締約国との段差がつけられた。第10項では、「開発途上締約国は必要とする支援と供与

された支援の情報を提供すべき」とされた。第7項から第10項に列挙された情報については、COP決定パラ91に基づき、LDC、島嶼国を除き、最低2年に1度提出することとされている。

　第11項は、冒頭に紹介したレビューに関する部分であり、「第7項、第9項に基づいて提出された情報は、技術専門家によるレビューを受ける。開発途上締約国であって、その能力に照らして支援が必要な国においては、レビュープロセスのなかに能力開発の必要性を特定するための支援が含まれる。各締約国は、第9条（資金）に基づく努力に関する進捗及びNDCの実施と達成について、促進的かつ多国間の検討に参加する」と規定された。

　第12項では、「技術専門家レビューは各国の支援の提供、NDCの実施・達成状況を内容とする。レビューは、第13項に規定する透明性に関するモダリティ、手続、ガイドラインとの整合性のレビューを含め、各国の改善すべき点を示す。レビューにおいては、途上国の能力や状況に特に注意を払う」とされている。行動と支援の透明性に関する共通のモダリティ、手続、ガイドラインは、第1回パリ協定締約国会合で採択することとなっている。第14項、第15項では、透明性フレームワークの実施に必要な支援を途上国に提供することが規定された。

グローバルストックテーク

　各国の行動が全体としてパリ協定の目的及び長期目標の達成に向かっているかをチェックするための枠組みとして、第14条にグローバルストックテークのメカニズムが盛り込まれた。第1項では、グローバルストックテークは緩和、適応、支援を含めた包括的かつ促進的なものであると規定されている。先進国、途上国の温室効果ガス削減・抑制に向けた取組の全体的な進捗状況のみならず、途上国への支援についてもグローバルストックテークの対象となっているところが特徴である。グローバルストックテ

ークは、2023年から開始され、以後5年ごとに行われ（第2項）、その結果は各国が行動、支援を更新、拡充する際の参考とされる（第3項）。なお、その予行演習ともいうべき各国の努力の総計についての「対話」が2018年に行われることも決まっている（COP決定パラ20）。

　パリ協定は、カンクン合意の流れを踏襲し、各国がNDCを持ち寄り、その実施状況をレビューするというボトムアップのプレッジ＆レビューの枠組みを基本としているが、このグローバルストックテークの規定により、トップダウンで設定された長期目標（第2条の温度目標、第4条第1項の早期のピークアウト、今世紀後半の排出と吸収のバランスなど）との整合性をチェックされることになる。ボトムアップで設定される各国の目標にトップダウンで設定された長期目標が影響を与えることを期待したハイブリッド型の枠組みといえよう。

発効要件

　パリ協定の発効要件は、第21条第1項において「世界の温室効果ガス排出総量の少なくとも55％と見積もられる少なくとも55カ国の締約国が批准書（ratification）、受託書（acceptance）、承認書（approval）もしくは加入書（accession）を寄託した日のあと30日目の日に効力を生ずる」とされている。京都議定書における発効要件「附属書Iの締約国の1990年における二酸化炭素排出総量の少なくとも55％を占める附属書Iの締約国を含む55カ国以上の条約の締約国が批准書、受託書、承認書又は加入書を寄託した日のあと90日目の日に効力を生ず」の考え方を踏襲するものであるが、先進国、途上国がともに温室効果ガス削減に取り組む本協定では、温室効果ガスのカバレッジ要件が附属書I国から世界全体に広げられた。先進国に比して途上国の温室効果ガス排出量データ整備が遅れているため、第2項では、「第1項の目的に限定し、『温室効果ガス排出総量』とは条約採択の日、もしくはそれ以前に締約国から条約事務局に提出され

た最新の量を意味する」とし、各国のデータ年のバラつきを許容することとした。

　発効要件については、国数と併せ、温室効果ガスカバレッジも要件とする案がブラケットの形で残っていたが、直近の議長案では、55カ国が批准、受託、承認、加入すれば発効するという案になっていた。これは、温室効果ガス排出量は少ないが、国数だけは多いアフリカ諸国や低開発国が批准すればすぐに発効することを意味し、世界全体の温室効果ガス排出削減という目的に照らせば、実効性に大きな疑問符が付く。このため、丸川環境大臣は、全体会合で温室効果ガス排出量のカバレッジも発効要件に加えるべきと主張し、最終案においてそれが取り入れられたわけである。

　パリ協定の発効時期については、ダーバンプラットフォーム上、「2020年から発効し、実施されるよう、議定書、その他の法的文書あるいは法的効力を有する合意成果をCOP21で合意する」とされているとおり、2020年からの発効が想定されていた。しかし、パリ協定上、上記の発効要件を満たせば、2020年以前の発効も可能である。2016年4月にニューヨークの国連本部で開催されたパリ協定署名国会合では、175カ国がパリ協定に署名した。これは、1日の間の条約署名国数としては過去最大だという。島嶼国を中心に15カ国は、署名と同時に批准書を寄託し、米国、中国、フランス、カナダ、メキシコなどは、2016年中に批准するとの意思を表明した。2016年6月の伊勢志摩サミット首脳声明のなかには、G7として「可能な限り早期の協定の批准、受諾又は承認を得るよう必要な措置をとることにコミットする。2016年中の発効を目指し、すべての締約国に対し、同様の対応を慫慂する」との文言が盛り込まれた。2016年9月3日には、米国と中国がパリ協定批准を共同発表し、地球温暖化防止に対する両国の協調姿勢をアピールした。日本も2016年秋の臨時国会でのパリ協定批准を目指している。EU諸国の場合、1990年比最低40％削減という目標を加盟国間で割り振らねばならず、EUの批准には、加盟国すべてが各国レベルで批准することが必要になるため、年内の批准は難しいといわれてい

る。しかし、EUの批准が遅れたとしてもEUのシェアは10％程度であり、米国、中国、カナダ、メキシコだけでも世界の排出量の45％近くを占めることを考えれば、パリ協定が2016年中にも発効することも十分考えられる。ただし、パリ協定の根幹となる透明性フレームワークの実施細則が2018年のCOP24で検討されることを考慮すれば、実際に協定が動き出すのは、そのあとと考えることが自然であろう。

番外：高効率石炭火力技術の輸出をめぐって

　COP21では、京都議定書第2約束期間が焦点となったCOP16のように日本が突出する局面はなかった。国際環境NGOが毎日出している「化石賞（Fossil of the Day）」を受賞することもなく、自虐ネタが好きな日本のマスメディアはがっかりしたかもしれない。そうしたなかで一部マスコミでは、日本による高効率石炭火力発電技術の輸出が問題視されるとの報道もあった。その背景にはCOP21に先立ち、米国やEUの一部が中心となってCCS（炭素貯留・隔離）を装備しない限り、高効率石炭火力への多国間金融機関の融資を禁止するという議論を唱導しており、OECD輸出信用会合のイシューにもなっていたことがある。

　確かに、2015年12月10日夜に出された議長テキストのCOP決定パラ62には、「締約国に対し、高排出投資への国際支援を減少させるよう求める（Urges Parties to reduce international support for high-emission investments）」との文言が含まれていたのも事実である。しかし、COP21に先立つOECD輸出信用会合においては、種々の議論の末、高効率石炭火力技術の輸出については引き続き支援対象とするということで決着していた。「今後、途上国における電力需要は増大し、潤沢かつ安価な石炭資源の存在を考えれば、石炭火力のニーズは今後も拡大する。高効率石炭火力の輸出を制約すれば、低効率で低コストの石炭火力の導入が進み、かえって温室効果ガスは増大する」という日本の議論が認められたのであ

る。したがって、上記の文言は、高効率石炭火力を想定したものではない。日本の環境NGOのなかには、本パラグラフを「日本へのメッセージだ」と説明した団体もあったというが、まったくの見当違いである。しかも最終的に合意されたCOP決定では、本パラグラフ自体が削除された。おそらく経済発展のために石炭火力技術を今後とも必要とするインドなどの途上国の強い反対があったものと思われる。COP21期間中にインド産業連盟と意見交換をする機会があったが、彼らは、「インドの経済発展にとって石炭は不可欠であり、インドの経済発展は、あとに続く途上国にとっても重要。『石炭を使うな』と言うのではなく、『石炭を効率的に使え』と言うべきだ」と明言していた。エネルギーや経済の実態を無視した環境原理主義的な議論に辟易していた筆者にとっては、胸にストンと落ちる議論であった。

第6章

パリ協定をどう評価するか

以上のパリ協定をどう評価するか——。激しい交渉の結果、成立した合意であり、さまざまな立場からさまざまな評価が可能であろうが、ポスト2013年交渉に関与してきた経験に立って私見を述べてみたい。

すべての国が参加する枠組みの成立

　何よりもまず、一部の先進国のみが義務を負う京都議定書に代わり、すべての国が温室効果ガス排出削減、抑制に取り組む枠組みが出来上がったことは非常に大きな歴史的意義がある。これは、京都議定書以降の国際交渉において日本が一貫して主張してきた方向性であった。京都議定書は、先進国のみが義務を負うという構造ゆえに米国の離反を招き、中国が最大の排出国となるなど途上国の排出量が増大するなかで、地球温暖化防止の役に立たないことは明らかであった。京都議定書第1約束期間後のポスト2013年枠組交渉においては、バリ行動計画に基づき、すべての国が参加する枠組みの構築を目指したが、京都議定書第2約束期間が検討途上にあったため、途上国は、「先進国は京都議定書の下で引き続き義務を負うべきであり、途上国の行動はあくまで自主的なものだ」という主張を強硬に展開した。COP15の大失敗を経て、COP16では、先進国、途上国がそれぞれ緩和目標、緩和行動を持ち寄るカンクン合意が成立したが、その形式はCOP決定であり、法的拘束力のある枠組みではなかった。パリ協定は、カンクン合意に基づく目標設定、進捗状況の報告、レビューというプロセスを法的拘束力のある枠組みに発展させたものである。日本が長く追求してきた目的がようやく実現したわけであり、コペンハーゲン、カンクンの交渉を経験した筆者として深い感慨を覚える。

現実的なボトムアップ型のプレッジ＆レビュー

　パリ協定の中核を成すのは、先進国、途上国が約束草案を持ち寄り、そ

の進捗状況を報告し、専門家によるレビューを受けるというボトムアップのプレッジ＆レビューの枠組みである。この一連の手続が法的拘束力の対象となっている一方、目標値の達成自体は、法的義務とはなっていない。目標達成が法的義務になっていないことをもって、パリ協定の実効性に疑問を呈する論者もいるかもしれない。しかし、米国、新興国の参加を得るためには、この方式が唯一の解であることは自明であった。目標を義務化すれば、米国は上院にパリ協定の批准を諮らねばならなくなり、米国の批准は望めない。新興国も自国の目標を条約に基づく義務とすることは受け入れられない。目標達成を法的義務化することで、制度そのものは堅牢なものにしても、米国や新興国の参加が得られなければ実効性の乏しいものになってしまう。また、目標値を法的義務にすれば、各国は未達成時の遵守規定の適用を避けるため、必然的に確実に達成可能な「低め」の目標を登録することになるであろう。かつて英国のエコノミスト誌は「strong weak agreement is better than weak strong agreement」と述べた。堅牢だが参加国が限られ、実効性の弱い合意よりも、枠組み自体は柔軟でもすべての国が参加し、実効性の高い合意のほうがよいとの意味である。ボトムアップのプレッジ＆レビューの枠組みと、トップダウンの京都議定書型の枠組みとの関係はまさにそれに一致する。日本は、既に気候変動枠組条約交渉時からプレッジ＆レビューの枠組みを提唱してきた。しかし、そのあとの国際交渉の流れは、先進国のみに目標達成を義務付けるトップダウン型の京都議定書に向かった。パリ協定は、堅牢だが主要排出国の参加を欠き、温室効果ガス削減にほとんど効果がなかった京都議定書の反省のうえに生まれたものであり、「思えば長い回り道をしてきた」との感を禁じ得ない。

プレッジ＆レビューの実効性は今後の設計次第

　プレッジ＆レビューがパリ協定の中核であると述べたが、それだけに

実効性のある手続き構築が非常に重要である。第5章で述べたように透明性フレームワークをめぐっては、先進国・途上国共通の枠組みを主張する先進国と、二分法を主張する有志途上国グループなどの間で意見が鋭く対立し、最終的には、「枠組みは共通だが途上国に配慮」という形で妥協が成立した。途上国に対し、透明性の対象範囲、頻度、報告の詳細度、レビューの対象などの面で柔軟性を認めなければならず、各国訪問審査については選択を認めることとなり、具体的には今後、交渉を通じて策定される透明性フレームワークの実施細則に反映されることとなる。定期報告やレビューは、手間がかかるプロセスである。後発途上国や島嶼国のように排出量が少ない国々に配慮するのは合理的であろう。しかし、透明性フレームワークが専ら先進国の緩和努力や支援実績、予定に偏重したものになったり、中国、インドなどのように世界全体の排出動向にも大きな影響を与える大排出国が途上国であるというだけの理由で甘い扱いを受けることとなったのでは、地球全体の温室効果ガス削減に向けた枠組みの実効性を損なうことになろう。透明性フレームワークの実施細則は、今回設置が決まったパリ協定特別作業部会の検討を経て、第1回パリ協定締約国会合への送付を念頭に、2018年のCOP24で検討されることになる。透明性フレームワークを実効あるものとするための勝負はこれからであろう。

　プレッジ＆レビューの制度設計において、日本は建設的な役割を果たすべきである。日本は、経団連自主行動計画や低炭素社会実行計画を通じて、プレッジ＆レビューの経験を蓄積してきた。パリ協定に基づくプレッジ＆レビューを生かすも殺すも第13条第11項に規定される促進的な多国間の検討が協力的、建設的な雰囲気の下で行われるか否かにかかっている。お互いのアラ探しや非難の応酬になってしまったのでは、「仏作って魂入れず」になる。そんなことになれば目標を確実に達成できる低いレベルのものにしようというインセンティブを与えるだけである。一国の温室効果ガス排出量は、マクロ経済情勢、国際エネルギー情勢など、さまざまな要素に左右されるのであり、各国の目標達成が予定どおり進まない

こともあろう。国際プロセスにおける相互審査（ピア・レビュー）は、協力的かつ促進的なものであるべきものである。筆者が経験したOECDやIEAのピアレビュープロセスは、被審査国の政策に対する照会やコメントはあっても決して指弾的なものではなかった。日本が経団連自主行動計画の下で経験を積み重ねてきたPDCAサイクルも同様である。仮に目標達成に向かって予定どおり進んでいないとしても、その背景はどこにあるのか、目標達成に向けてどのような努力をしているかを照会し、お互いにベストプラクティスを学び合う場とすべきだという原則を忘れてはならない。日本は、今後のガイドライン策定やプレッジ＆レビューの実施の際に協力的かつ促進的なプロセスの実現に向けて最大限の貢献をするべきである。

日本の優れた技術の海外普及を

技術移転は、パリ協定の今後の実施に向けて日本が大きく貢献できる分野である。地球温暖化問題は、グローバルな問題であり、日本国内での削減も海外での削減も地球温暖化防止という点では等価である。日本の優れた技術を海外に普及させることにより、世界全体の排出削減に大きく貢献することができる。日本が現在進めている二国間クレジットメカニズム（JCM）は、こうした考え方に基づくものである。パリ協定のなかには、JCMを含む市場メカニズムの活用が位置づけられた。今後、ダブルカウント防止を含む堅固なアカウンティングのためのルール作成が行われることになるが、筆者は、京都メカニズムのCDMのように日本の目標達成にカウントするためにJCMを使うという発想にこだわり過ぎないほうがよいと考える。今後の交渉のなかで過度に制限的なアカウンティングルールが設定される可能性も決して低くないし、JCMはプロジェクトベースのメカニズムなので、積み上げられる量にもおのずから限界がある。また、条約上の義務であった京都議定書の目標と異なり、パリ協定で提出した目

標の達成は法的義務ではない。オフセット目当てにJCMの積み上げに汲々とするのは、京都議定書時代のアナクロニズムの発想ではないか。そもそもJCMの主眼は、日本の低炭素技術が途上国の排出削減にもたらす貢献度をきちんとした手法で定量化することである。ホスト国が自らの温室効果ガス排出状況を国連に報告する際、JCMプロジェクトに関わる部分について日本の技術による貢献であること明示してくれるのであれば、すべてホスト国のカウントとするアプローチもあり得る。筆者が京都メカニズムの詳細ルール交渉を行った際は、最初から6％目標達成のために京都メカニズムのカウントが不可欠だった。そういった事情は見透かされており、厳しい交渉を強いられることとなった。くれぐれもJCMで同じ轍を踏むことは避けるべきである。

　国連の下に設立された支援機関である技術メカニズムと資金メカニズムを、日本の技術による貢献に活用していくことも今後の課題となろう。気候技術センター・ネットワーク（CTCN）、技術執行委員会（TEC）から成る技術メカニズムを通じて、日本の優れたエネルギー環境技術の移転を図るためには裏づけとなる資金が必要であり、地球環境ファシリティ（GEF）、緑の気候基金（GCF）を含む資金メカニズムの有効活用が望まれる。COP21では、技術メカニズムと資金メカニズムの機能的な連携の重要性と必要性を認識し、CTCNとTECの執行機関がリンケージ強化に向けた協議を強化するとのCOP決定が採択された。GEFやGCFにおいては、欧米系のコンサルの影響力が強く、欧米の技術にお金が流れやすい傾向が見られる。これらの資金メカニズムには日本も大きく貢献しており、例えば、GCFについては、2014年末の総額102億ドルのうち15億ドルは日本の貢献である。日本の資金貢献がしっかり効果的に使われ、日本に還元されることは納税者の視点からも重要だろう。日本は、日本版技術リストを作成し、CTCNに提出しているが、こうした取り組みを更に強化する必要がある。

　また、日本から移転すべきは技術にとどまらない。途上国に省エネ技術

第6章　パリ協定をどう評価するか

のみを普及しても、エネルギー使用実績をきちんと計測する枠組みができていなければ宝の持ち腐れになる。JCM で実施しているプロジェクトが点で終わらず、面の広がりになっていくためには、技術輸出と併せ、省エネ法を含む制度インフラのノウハウ輸出を行うことが重要である。筆者がAPEC や東アジアサミットでエネルギー協力に従事している際、日本の省エネ制度に関する各国の関心は非常に高かった。技術移転はハードのみならずソフトも重要なのである。

長持ちする枠組み

　京都議定書の場合、第 1 約束期間が終わる前に、国際交渉を行って議定書を改正し、第 2 約束期間を設定するという設計になっていた。このため、2005 年に京都議定書が発効したのと同時に第 2 約束期間設定のための交渉プロセスが開始されることとなった。これに対してパリ協定の場合、目標値ではなく、プロセスに拘束力を持たせる構造になっている。目標値を 5 年ごとに見直し、引き上げていくということになっているが、あくまで各国がその国情に応じて目標を設定する形になっているため、それ自体を交渉する必要がない。議長国フランスの首席交渉官であったポール・ワトキンソン氏は COP21 に先立ち、「1992 年の気候変動枠組条約以降、交渉、交渉、また交渉の連続であった。こんなことを続けるわけにはいかない。我々が前に進むための長期の枠組みを作ることが必要である。同時に枠組みは、状況変化に応じて柔軟に対応できるものでなければならず、枠組みそのものを置き換えることなく、5 年、10 年ごとに見直せるものでなければならない」と述べている。出来上がったパリ協定は、長期の方向性、目標を示し、グローバルストックテークを通じて現在の立ち位置を定期的にレビューするという構造を採用することにより、2020 ～ 2030 年までにとどまらず、それ以降も地球温暖化防止の国際枠組みとして機能し続けることになる。京都議定書のように使用可能期間が限られたものではなく、長

持ちのする枠組みになったといえよう。

全体としてはやや途上国寄り

　パリ協定は、地球温暖化交渉の歴史上、大きな意義を有しているが、先進国のみが義務を負う京都議定書体制から途上国を含む全員参加型の体制に移行するためには、いろいろな代償を払わねばならなかったのも事実である。資金についての規定は、金額こそ条約本文に書き込まれなかったものの、多くの面で途上国の主張を受け入れるものとなった。また、資金とのパッケージディールとなった透明性フレームワークの規定についても、先進国と途上国を手続上切り分けず、「ひとつの強化された透明性フレームワーク」に参加する形としつつも、個々の条文のなかでは、途上国配慮が随所に盛り込まれることとなった。また、透明性フレームワークの対象には、緩和のみならず途上国支援も含まれ、5年に1度のグローバルストックテークの対象にも途上国支援が盛り込まれている。即ち、今後のレビューやストックテークの度に、先進国は途上国から請求書を突き付けられることになる。今後、途上国が「自らの緩和行動が予定どおり進まないのは、先進国からの支援が足りないからだ」という主張を展開することが容易に想像される。パリ協定において、緩和努力の主体が先進国からすべての国に広がったことは大きな成果である一方、途上国もその代償を得ているのであって、全体をバランスして見ればやや途上国寄りの決着であったといえる。2015年12月15日付インドHindu紙が「インドは、先進国と途上国の差異化を守るのに大きな役割を果たした。差異化は、合意の各所に埋め込まれている」と評価しているのは、その証左であろう。逆にいえば、これくらいの代償を払わなければパリ協定に合意することはできなかったということでもある。とはいえ、パリ協定は、各交渉グループが利害を異にしながらも最大公約数として受け入れられる「利用可能な最良の合意（Best Available Agreement）」であり、2015年12月のあの時点で、

第 6 章　パリ協定をどう評価するか

あれ以上の合意は望めなかったであろう。

野心的な温度目標は将来の火種に

　世界の環境 NGO や島嶼国は 2℃ に加え、1.5℃ が努力目標として書き込まれたこと、今世紀後半に温室効果ガス排出量と吸収量のバランスを図ることが緩和の長期目標に盛り込まれたことを、パリ協定最大の成果として特筆大書している。逆に筆者は、この点がパリ協定最大の潜在的問題点であると考えている。

　そもそも国連交渉を通じて、「IPCC が 2℃ 目標を勧告している」との言辞が繰り返されてきたことは大きな問題である。IPCC は、気候変動に関する科学的知見を偏りなく集大成して国連に報告することがミッションであり、特定のシナリオや政策を推奨することは禁じられている。しかも 2℃ 目標の実現可能性は極めて低いものであった。IPCC 第 5 次評価報告書においては、2℃ 目標に相当するとされる 450ppm シナリオを達成するためには、2100 年まで温室効果ガスを 100% 近く削減することが必要と分析されている。このためには、発電部門においてバイオマス CCS を大量導入することにより、現在の発電部門の排出量をそのままマイナスにしたような規模のマイナス排出にするという、およそ実現性に疑問符の付くビジョンが提示されている。近年の IEA の世界エネルギー展望（World Energy Outlook）は、450ppm シナリオを毎回提示しているが、途上国を中心とする足元の温室効果ガス拡大により、450ppm シナリオの実現可能性は年々低下しており、それを実現するためには、およそ現実味に乏しいエネルギーミックス、投資規模を描かざるを得ない状況であった。2℃ 目標ですらこの有様であるから、1.5℃ あるいは 350ppm シナリオとなればなおさらであろう。

　地球温暖化防止のために志を高く持つことはよいことである。しかし、実現可能性を考えず、ひたすら野心的な目標にこだわるのは、このプロセ

スの通弊である。一般に政治家は、長期の温度目標を安易に設定する傾向が強い。しかし、既存の温度目標の実現可能性すら厳しいなかで、更に厳しい温度目標を設定するというのは、結局のところ枠組み自体のクレディビリティを下げるだけではないか。

温度目標が大きな方向性を示す努力目標というならば問題ない。しかし、パリ協定では、5年ごとのグローバルストックテークというメカニズムを通じて、1.5〜2℃目標や今世紀後半の排出・吸収バランス目標と、各国の緩和努力、緩和目標の合計とが比較され、それが各国のNDCにフィードバックされるとの設計になっている。トップダウンの目標をボトムアップのレビュープロセスと融合させようという試みであり、枠組みとしては首尾一貫しているが、問題はトップダウンの目標とボトムアップの積み上げは永遠に交わらないだろうということである。

2015年10月に枠組条約事務局は、各国の約束草案の合計値と2℃目標に必要な排出削減パスを比較すると、2030年時点で150億トンものギャップがあるという分析を提示した。2018年には、COP決定パラ21に基づき、IPCCが1.5℃達成に必要な排出削減パスの特別レポートを提示することになっているが、ギャップの幅は150億トンどころではないだろう。これまでに提示された1.5℃シナリオのなかには、「2050年前の段階で世界全体の排出量がネットマイナスにならねばならない」という、およそ実現可能性がないものが含まれている。

それでは、各国はその膨大なギャップを埋めるために皆で負担を分担して約束草案を引き上げるだろうか。筆者の答えは「否」である。野心のレベルが徐々に引き上げられたとしても、その合計値が1.5℃目標はおろか2℃目標にも達するとは思えない。150億トンというギャップは、2010年時点の中国全体の排出量の1.5倍に相当する膨大な量である。そもそも各国の政策は、地球温暖化対策だけで動いているわけではなく、約束草案は、その時々の経済情勢、雇用情勢、エネルギー情勢などを総合勘案して策定されている。既に述べたように地球温暖化問題は、「地球温暖化防止の便

益はグローバル、削減コストの発生はローカル」という本質を有している。各国が他国に率先して大幅に目標を引き上げる可能性が低いことは、好むと好まざるとにかかわらず、冷厳な現実である。

　さりとて、国連がそのギャップを各国に強制的に割り振るわけにもいかない。目標の実施状況をレビューするが、約束達成そのものは法的義務としないという枠組みだからこそ、ボトムアップのプレッジ＆レビューはすべての国の参加を得ることができたのである。「1.5℃や2℃目標を達成するためには、各国の目標を何割上乗せすることが必要」と条約事務局に強要されるようではボトムアップのプレッジ＆レビューの意味を成さなくなる。何より、現在の国際情勢の下で、主要国が国連にそのような世界政府的な権限を与えるとは考えられない。

大幅削減のカギは革新的技術開発

　トップダウンの温度目標と、現実的なボトムアップのプレッジ＆レビュープロセスとの間の埋めがたいギャップを国連プロセスで埋めることが不可能であるとすれば、答えはイノベーションしかあり得ない。その意味でパリ協定にイノベーションの重要性が盛り込まれたことは高く評価される。他方、イノベーションを国連交渉の対象にするような愚は避けるべきである。既存技術の移転という支援分野の話であれば、多くの途上国に関連するマターであり、国連で議論することには一定の合理性がある。しかし、革新的技術開発の能力を有する国は国連交渉に参加している190を超える国々の中のごく一握りであり、そもそも国連のフレームワークにはなじまない。むしろ国連の枠外でイノベーション能力を有する国々のR&D支出の増大、国際連携の強化などを進めるべきであろう。COP21の場では米国、フランスなどの主導により、先進国、新興国など20カ国が参加する有志連合「ミッション・イノベーション」が立ち上がった。こういった場を活用していくことが現実的である。イノベーションは、国連プロセ

スから生まれてくるものではない。国連プロセスが非現実的な温度目標を設定したことは逆説的ではあるが、地球温暖化問題は、国連プロセスでは解決できないということを明らかにすることになったともいえる。革新的技術開発は、技術移転と並び、技術に強みを有する日本が大きく貢献できる分野である。この点については、第 11 章で改めて触れたい。

科学の不確実性を直視せよ

　地球温暖化問題に取り組むに当たっては、科学の不確実性を直視することも重要である。「科学の不確実性」といっても、筆者は、いわゆる地球温暖化懐疑論に組みするものではない。地球温暖化が人間の活動を起源とする温室効果ガスによって引き起こされていることは、IPCC 第 5 次評価報告書で 99％以上の確率で「極めて蓋然性が高い（extremely likely）」とされている。とはいえ、地球温暖化の科学には、依然として多くの不確実性があるのも事実である。例えば、「2℃目標を実現しなければ、どの程度の損害が生ずるのか」「2℃以内に収めるためにどの程度のコストが必要なのか」という点については、科学的なコンセンサスがない。にもかかわらず、国際交渉という政治プロセスのなかでいつの間にか 2℃目標が神聖不可侵になってしまった。今回、1.5℃目標が加わったことにより、1.5℃がいつの間にかデファクトスタンダードになることを懸念する。

　また、「2℃目標を達成するためには、温室効果ガス濃度を 450ppm 程度に安定化させる必要がある」という議論があたかも科学的コンセンサスであるかのごとく語られるが、これは、気候感度（温室効果ガス濃度が産業革命以降、倍増した場合、どの程度の温度上昇をもたらすかという指標）が 3℃であるということを前提にした議論である。「2050 年までに 2010 年比 40 〜 70％減の高いほうを目指す」というエルマウサミットの首脳声明も、「2℃安定化目標のために求められる削減パスと、各国のプレッジの総和との間に 2030 年時点で 150 億トンのギャップが存在する」という枠

図3：気候感度と排出削減パス

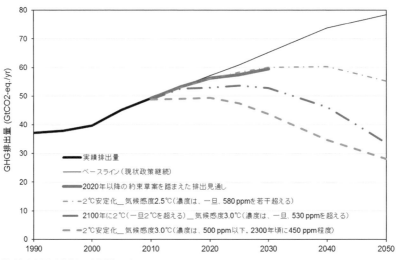

[出典]地球環境産業技術研究機構(RITE)

組条約事務局の試算も、それを前提としたものである。しかし、現実には、気候感度の想定値についての科学的コンセンサスはない。IPCC第5次評価報告書では、1.5〜4.5℃の範囲のなかに入っている可能性が高いとされたが、最良推定値については合意が得られなかった。逆にいえば、気候感度のレベルが変われば2℃安定化のために必要な温室効果濃度、そのために求められる今後の温室効果ガス排出削減パスの形状も大きく変わってくる。仮に気候感度が2.5℃であると想定すると、2℃目標達成のために求められる濃度レベルは580ppmまで緩和され、そのために求められる世界の排出削減レベルは、2050年40〜70％減よりもずっと緩やかなものとなる。各国の目標値の総和も2℃目標のパスに何とか収まるという絵姿になる。

　パリ協定に1.5℃目標が書き込まれたことを背景に、IPCCに対して1.5℃目標を達成するために必要な削減パスを示す特別報告書を2018年に提示することが求められている。この報告書を踏まえ、2023年から開始

されるグローバルストックテークの予行演習のような議論が行われることになろう。ここで懸念されることは、科学的不確実性を捨象し、2℃＝450ppmと同じように1.5℃＝350ppmといった数字が一人歩きを始めることである。これまでの経験をみると、「野心的な目標だが、こうすればできる」という政治的、経済的フィージビリティを無視したシナリオが出てくる可能性が高い。国連の気候変動コミュニティにおいては、野心のレベルは高ければ高いほどよく、「やればできる」という威勢のよいプレゼンが好まれるからである。しかし、これに基づいて「削減不足分が〇ギガトン」と計算し、各国に目標値の引き上げを求めても、既に述べたように出口のない袋小路に入り込むだけである。気候感度においてコンセンサスができていない以上、IPCCは、少なくとも異なる気候感度に応じた複数の削減パスを提示すべきである。また、「1.5〜2℃目標が達成困難な場合どうなるのか、プランBをどうするのか」という議論を避けるべきではない。政治は、社会の抱える問題に対処する際、単純明快な解決策を提示してリーダーシップを示すことを志向しがちであるが、地球温暖化問題の科学には、不確実性が多く、それを前提に二枚腰、三枚腰の対策を講じていくべきである。

第7章

世界は脱炭素化に向かうのか

脱炭素化に向かうことは確実

　COP21 のあと、「パリ協定によって世界は、脱炭素化に向かって大きく踏み出した」という見出しが内外の紙面を飾った。前章で述べたように、京都議定書の二分論を克服し、全員参加型の法的枠組みができた意義は強調し過ぎても強調し過ぎることはない。

　COP21 において米国、EU、アフリカ諸国、カリブ海諸国、太平洋諸国などが法的拘束力ある枠組みと 1.5℃目標を求める「野心連合」を形成した。2016 年 4 月に国連本部で開催されたパリ協定署名会合では過去最多の 175 カ国が署名するなど、パリ協定に対する支持は幅広い。

　2016 年 9 月 3 日には、米国・中国が G20（中国・杭州）に先立ち、パリ協定批准を共同発表し、パリ協定の年内発効に大きなモメンタムを与えた。

　ビジネス界も COP21 に先立ち、HSBC、ロイズ、マークス＆スペンサー、BT、シーメンス、フィリップス、ネスレ、ダウケミカルなど、世界を舞台に事業展開を行う 20 分野、79 企業の CEO（最高経営責任者）が野心的な合意成果を求め、自社も低炭素化に向けたコミットするとの公開書簡を発出した。

　いずれも低炭素化に向けた政府、民間の真剣な姿勢の現れである。5 年ごとの目標提出と進捗状況報告、レビュー、グローバルストックテークというメカニズムを通じて世界が脱炭素化の方向に向かっていくことは間違いないだろう。

脱炭素化に向けた投資家の動き

　また、投資家が地球温暖化防止を投資判断の一要素として取り込み始めていることも世界の脱炭素化に向けた動きを加速することになるだろう。2006 年には、アナン前国連事務総長の提唱により、6 つの原則と 35 の

行動指針から成る「責任投資原則（PRI：Principles for Reponsible Investment）」が取りまとめられた。原則のなかには、「投資分析・意思決定に当たって、環境・社会・ガバナンス（ESG：Environment, Society, Governance）の視点を取り入れる」「投資対象企業に対してESGにどのように取り組んでいるかの開示を求める」などが含まれる。PRI原則には2016年7月現在、日本のGPIFを含め、世界の1535の投資機関が署名している。Global Sustainable Investment Reviewによれば、ESG投資残高は、2012年の13.3兆ドルから2014年には21.4兆ドルに拡大し、運用資産に占めるESG投資のシェアも21.5％から30.2％に拡大した。特に欧州においては58.8％とシェアが高い。一口にESG投資といっても、いろいろな形態があり、例えば、ESGの観点で問題があると判断した企業を投資対象から除外する「ネガティブ・スクリーニング」、あるいは、そういった企業への出資を引き揚げる「ダイベストメント」や、企業との対話や議決権行使などを通じて企業にESG問題への取り組みを直接的に促す「エンゲージメント」、ビジネス・モデルや財務指標の分析だけでなくＥＳＧ要素の分析も投資判断に組み入れる「インテグレーション」などが挙げられる。

　パリ協定において1.5～2℃安定化や今世紀後半における排出・吸収バランスといった目標が書き込まれたことにより、こうした傾向が更に進む可能性が高い。政府が掛け声をかけるだけでは、地球温暖化防止は進まない。温室効果ガスは、個人、企業の活動によって生ずるものであり、ESG投資が進むことは心強い材料であろう。

共有されなかった世界の排出削減目標

　他方、「脱炭素化に向かう」ことが直ちに「1.5～2℃目標が達成される」「今世紀後半に排出と吸収のバランスが達成される」を意味するものではない。前章で述べたように筆者は、後者については決して楽観していない。2010

年のカンクン合意においても「産業革命以降の温度上昇を2℃以下に抑制するためには、大幅な温室効果ガスの抑制が必要であり、締約国は、この長期目標を満たすために迅速な行動が必要であることを認識する」という文言があったが、現実には、世界の温室効果ガス排出量は増大を続けた。温度目標を設定したことで足元の現実が簡単に変わると考えるのはナイーブに過ぎるであろう。

　「法的拘束力を有する枠組みであるパリ協定と、COP決定であるカンクン合意とでは事情が違う。グローバルストックテークを通じて、各国の目標を引き上げるメカニズムがビルトインされているではないか」という反論があるだろう。しかし、1.5〜2℃という温度目標や排出削減・吸収のバランスというグローバルな目標が各国個別の目標にどう関連付けられるかは不明確なままである。皮肉な見方だが、「だからこそ長期の温度目標に合意できた」ともいえるのである。

　仮に世界が真剣に温度目標達成を目指すのであれば、そのために必要な地球全体の削減目標に合意することが必要なはずである。しかし、先進国の再三にわたる働きかけにもかかわらず、地球全体の排出削減目標については、途上国が頑なに受け入れを拒否してきている。その理由は、単純な算術計算をすればすぐにわかる。IEAの統計によれば、エネルギー起源CO_2は2010年時点で293億トン（国際航空・海運を除く）である。これを附属書I国、非附属書I国で分けると、それぞれ134億トン、159億トンとなり、一人当たり排出量はそれぞれ10.33トン、2.98トンである。仮に2015年のエルマウサミット首脳声明に盛り込まれた「2050年までに2010年比40〜70％削減の高いほう」に従い、2050年に60％減を目指すとすると、世界全体の許容排出量は117億トンになる。附属書I国が2050年までに100％削減するという極端な想定を置けば、117億トンはまるまる非附属書I国の許容排出量となる。しかし、国連人口統計によれば、非附属書I国の人口は、現在の55.9億人から83.9億人に増大すると見込まれている。そうなると非附属書I国の一人当たり排出量は1.39ト

ンと、2010年に比して53％低下させねばならない。これに対し、過去20年間の非附属書Ⅰ国の一人当たり排出量は、経済成長に伴う生活水準の向上やエネルギーアクセスの向上を背景に80％増加してきた。中国、インドの一人当たり排出量は、それぞれ2.7倍、2.2倍に拡大しているのである。世界では、30億人以上が1日2.5ドル以下で生活し、電気にアクセスを持っていない人口が13億人、安全な水供給へのアクセスのない人口が8億人近くいるといわれている。途上国にとっては、地球温暖化対策よりも自国民の生活レベルの向上、インフラ整備、エネルギーアクセスの拡大が最優先課題であることが現実である。そうした途上国が一人当たり排出量を、これから半分以下にすることを受け入れられるだろうか。途上国が頑として地球全体の排出削減目標を受け入れてこなかったのには、そのような背景がある。換言すれば、1.5～2℃という抽象的な政治目標には合意できていても、それが具体的に意味すること（世界全体の排出削減量やその割り振り）や、それを実現していくための具体的な道筋には合意できていないのである。

地球温暖化が唯一の政策課題ではない

そもそも各国政府が直面する政策課題は、地球温暖化防止だけではない。経済成長、貧困撲滅、雇用確保、エネルギー安全保障、エネルギー価格の安定、いずれも重要な政策目的である。特に途上国においては、エネルギーアクセスの確保を含む国民の生活レベルの向上は至上命題である。途上国代表がCOP会合の場で「地球温暖化防止は重要だ」と発言したとしても、国全体のプライオリティとしては経済成長に劣後することは必定だろう。

1.5～2℃目標を至高と考える立場からすれば、世界のエネルギーミックスから一刻も早く石炭を駆逐したいだろう。事実、IEAは2012年の世界エネルギー見通しのなかで、450ppmシナリオを達成するためには、石炭をはじめとする世界の化石燃料資源の3分の2を地中にとどめておく必

要があると分析している。先ほど紹介した投資家の動きのなかで、最近、話題を集めているのが石炭産業、石炭火力発電などからのダイベストメントの動きである。ノルウェーの年金基金が「事業活動の30％以上を石炭関連事業が占める（特に石炭採掘企業）、もしくは売上の30％以上を石炭関連事業から得ている企業（特に電力企業）を、投資先から除外する」との発表を行ったのは、その事例である。COP21期間中、総計3.4兆ドルの試算を管理する500以上の機関がこの趣旨に賛同したといわれている。しかし、石炭は中国、インド、インドネシアをはじめ途上国に幅広く賦存する安価なエネルギー資源であり、地球温暖化防止の名の下に国内エネルギー源を封印するという事態は現実には想定しにくい。IEAの中心シナリオである新政策シナリオでは、非OECD諸国の総発電量に占める石炭火力のシェアは、現在の49％から2030年に向けて低下するものの、引き続き40％を占めると想定している。石炭セクターからのダイベストメントに賛同した機関の総資産額が3.4兆ドルといっても世界全体の投資信託総額は38兆ドルにのぼり、石炭に対する需要がある限り、お金の流れを止めることは不可能である。

　地球温暖化防止の努力を先導してきた先進国においてさえ、地球温暖化防止が唯一至高の政策目標ではない。筆者は、ユーロ危機及びそのあとの経済停滞に見舞われた欧州に2011年から2015年まで駐在した。地球温暖化防止のリーダーを自認する欧州では、「野心的な温室効果ガス削減目標と高い炭素価格を設定すれば、新たな技術、新たな産業、新たな雇用が生まれる」というグリーン成長のビジョンを高らかに謳ってきた。それが真実であるならば、ユーロ危機による経済停滞から脱出する処方箋として、よりアグレッシブなグリーン政策がとられたはずである。しかし、ユーロ危機による経済の停滞、再生可能エネルギー補助を含むグリーン政策によるエネルギー価格の上昇、米国との産業競争力格差の拡大に直面し、現実に起こったことは、それまで推進されてきたコスト高なグリーン政策の見直しであった。グリーン成長をめぐる理想と現実の相克の典型例であろう。

地球温暖化防止のために長期の取り組みが必要なことは論を俟たない。しかし、定期的に選挙の洗礼を受ける民主主義国家においては、長期的な課題である地球温暖化防止よりも短期的な雇用、景気に政治的関心が集まりやすいこともまた厳然たる現実なのである。

米国大統領選の影響

　脱炭素化に向けた世界の動きを考えるうえで、無視できないのが近年、欧米で顕在化しつつあるナショナリズム、内向き志向の高まりである。2016年7月22日、米国においてドナルド・トランプ氏が共和党の大統領候補として指名を受けた。2015年6月に彼が大統領選に出馬表明した際、この事態を誰が予想したであろう。本稿を執筆している8月段階でクリントン候補が10%近くのリードをしているが、これから11月の大統領選までには紆余曲折が予想され、まったく予断を許さない。後述の英国のEU離脱投票のような大番狂わせの可能性も完全には排除できない。

　「トランプ現象」の原動力となっているのが反エリート、反エスタブリッシュメント、反移民、自国第一のナショナリズムと内向き志向である。可能性が低いとはいえ、仮にトランプ候補が大統領になることになれば、米国の地球温暖化政策にも大きな影響を与えることになるだろう。

　クリントン大統領が誕生すれば、基本的にオバマ大統領の路線が継承されることになる。クリントン候補は、選挙公約で米国を21世紀のクリーン・エネルギー超大国にすることを目指し、2025年までにエネルギー供給の4分の1を再生可能エネルギーにする、化石燃料への支援をフェーズアウトする、石油消費を3分の1削減する、太陽光パネルを2020年までに5億戸に設置するなどの施策を打ち出している。当然、パリ協定を履行し、2020年には現在の2025年26〜28%減（2005年比）を上積みした2030年目標を出してくることになるだろう。

　他方、共和党は、オバマ政権の地球温暖化対策には極めて批判的であ

った。多くの政策で共和党、民主党の両極化が進んでいるが、気候変動エネルギー政策は、その代表的な事例のひとつである。COP21期間中、共和党に近い米国商工会議所21世紀エネルギー研究所のスティーブン・ユール副所長は、「米国の約束草案策定に当たって産業界はまったく相談を受けていない。2005年比26～28％という米国の目標のうち4割については根拠不明なものだ」とコメントしていた。共和党は、パリ協定にも極めて批判的であり、マッコネル共和党上院院内総務は「いかなる気候変動国際協定も議会の承認なしには通さない」と述べている。トランプ氏を大統領候補に指名した7月の共和党大会では、大統領選に向けたプラットフォームが採択されているが、気候変動関連部分を見ると、「IPCCは、異なる考え方を持つ科学者を排除するバイアスのかかった組織である。…京都議定書もパリ協定もそれに署名した者の個人的なコミットメントに過ぎず、上院の批准を受けない限り米国を拘束することにはならない。1994年の対外関係法に基づきパレスチナを加盟国としたUNFCCC及び緑の気候基金に対する資金拠出を直ちに停止する」と記述されている。これは、トランプ候補の個人的考えだけではなく、共和党に内在する考え方を色濃く反映したものといえよう。オバマ政権は、中国とともに2016年9月に議会の承認を要さない行政協定として、パリ協定を批准した。しかし、仮にトランプ政権が誕生すれば、その決定を覆し、パリ協定から離脱する可能性が高い。

　大統領選の結果は、オバマ政権の地球温暖化対策の目玉であり、石炭火力発電所に厳しい排出規制を適用するクリーンパワープランの帰趨にも大きな影響を与える。クリーンパワープランについては、各州において多くの訴訟が提起されてきたが、2016年2月、米国最高裁は一時差し止め判決を出した。今後、連邦裁判所での審理を経て、いずれ最高裁での判決を待つこととなるが、最高裁判事の色分けをみると、差し止め判決直後に保守派のスカリー判事が亡くなり、リベラル派4、保守派4となっている。欠員となっている1名は、新大統領が任命することになるが、トランプ候

補、クリントン候補のいずれが大統領になるかで最高裁の勢力分布も変わり、クリーンパワープランの実施もこれに左右されることになる。トランプ候補は、米国のエネルギー自給100％、国内の石油、石炭、天然ガスの生産増大を公約としており、クリーンパワープランはお蔵入りとなろう。

　もちろん、「トランプの米国」がパリ協定から離脱したとしても、パリ協定は発効するだろうし、米国に追随する国が出てくるとは考えにくい。中国は、「米国の対応にかかわらず、パリ協定を誠実に履行する」と表明し、「責任ある大国」を演出しようとするだろう。しかし、先進国最大の排出国である米国がパリ協定を放棄するようなことになれば、世界全体の地球温暖化防止に向けたモメンタムにマイナスの影響を与えることは間違いない。また今回、クリントン候補が勝利したとしても、戦後の米国の歴史をみると、共和党、民主党いずれも4期連続して政権を担った事例はない。2020年の大統領選において共和党政権が誕生し、米国の方針が大きく転換する可能性は排除されない。地球温暖化問題に対する民主党と共和党のポジションの違いを考えると、世界は4年ごとに米国の政策変更リスクに直面することになる。

英国のEU離脱の影響

　反エリート、反移民、自国第一のナショナリズムは米国に限られた現象ではない。2015年6月の英国国民投票では、大方の予想を裏切ってEU離脱という結果となり、世界を驚かせた。英国の国民投票で争点となったのは移民問題であり、地球温暖化問題ではない。EU離脱キャンペーンを主導した保守党右派のナイジェル・ローソン元大蔵大臣、マイケル・ゴーヴ前司法大臣、ボリス・ジョンソン前ロンドン市長や英国独立党のナイジェル・ファラージ前党首が「気候変動懐疑派」であることは事実だが、英国のEU離脱が直ちに地球温暖化対策の後退を意味するものではない。事実、英国政府は国民投票の翌週、2008年気候変動法に基づき、2028〜

2032年の温室効果ガスを1990年比57％削減するという第5次炭素予算を発表している。しかし、EU離脱は間接的にではあるが、英国の地球温暖化対策にさまざまな影響を与える可能性がある。

　第一にEU離脱によって経済に悪影響が生じた場合、高コストの再生可能エネルギー支援策への更なる切り込みにつながる可能性がある。英国において進められている再生可能エネルギー導入策の淵源は、2020年までにエネルギー消費量に占める再生可能エネルギーのシェアを15％にする（電力分野では30％）というEU再生可能エネルギー指令である。これが野放図な間接補助金の拡大につながらないよう、財務省の管轄する課金管理フレームワーク（LCF：Levy Control Framework）の下で総額管理をされてきた。保守党・自民党連立政権の時代は、クリス・ヒューン、エド・デイビーなど、グリーン志向の強い自民党出身者がエネルギー気候変動大臣として再生可能エネルギーを推進し、経済性重視、天然ガス重視のオズボーン財務大臣と対立してきた。2015年の総選挙における保守党の選挙マニフェストでは、気候変動法への支持が謳われている一方、「陸上風力のこれ以上の拡大を止める」「電力分野における歪曲的で高コストなターゲットの設定に反対」など、再生可能エネルギー支援によるコスト増にネガティブなポジションが明らかだった。自民党が総選挙で壊滅的敗北を喫し、保守党単独政権に移行したことにより、こうしたコスト重視の傾向が強まっている。事実、アンバー・ラッド前エネルギー気候変動大臣の下で、高コストの再生可能エネルギー支援策への累次の切り込みが行われてきた。英国がEUから離脱すれば、再生可能エネルギー指令の義務から外れることになる。また、EU離脱によって英国経済が減速すれば、逆進性の強い高コストの政策を継続することが政治的にますます難しくなってくる。再生可能エネルギー支援策に更なる見直しが加えられる可能性も否定できない。

　第二にEU離脱によって、外国企業にとっての英国の投資環境の不透明性が増す。仮に英国が共通市場へのアクセスを失うことになれば、英国が

脱炭素化の切り札と位置付ける洋上風力や新設原子力発電所のための輸入資材調達コストが上昇することになることに加え、移民の制限により労働コストが上昇する可能性もある。ナショナル・グリッドは、EU離脱がエネルギー・気候変動分野の投資環境の不透明性を増大させ、英国経済に年間5億ポンドのコスト増をもたらすとの見通しを出している。エネルギーをはじめ、老朽化が進むインフラ部門のリノベーションに積極的に外国企業を呼び込むというのが英国の戦略であった。EU離脱が直ちに外国企業の国外移転につながることはないとしても、新規投資にとっては間違いなくマイナス要因であり、投資決定済み案件についてもより慎重にことを運ばねばならなくなる。老朽化した原子力や石炭火力発電所の閉鎖により、2020年以降、深刻な電源設備不足が懸念される英国にとって決してよい材料ではない。

　第三に投資環境の不明確さなどにより原子力発電所新設プロジェクトに遅れが生じた場合、電力不足を補うため、2025年までに閉鎖が予定されている石炭火力発電所の一部について運転期間延長が行われる可能性も排除できない。もともと英国で予定されている石炭火力発電所閉鎖は、EU指令に基づくものであり、EUから離脱すれば、その制約がなくなるからである。特にEU離脱によって英国経済が減速したり、不明確な投資環境によって製造業が海外に生産拠点を移すなどの事態が現実の脅威となってくれば、国際競争力確保のため、エネルギーコストを低下させるとの理由で石炭火力を使おうという議論が生ずる可能性は否定できない。

　第四の問題は、英国のEU離脱が引き金となって英国という「国のかたち」が変わってしまう可能性も排除できないことである。今回の国民投票の結果を受けて、早速スコットランド国民党のスタージョン党首はスコットランドがEUに残留できるよう、再度、スコットランド独立の住民投票を行うとの姿勢を打ち出している。北アイルランドでは、南北アイルランドの独立を掲げる声も出てきている。グレート・ブリテンがリトル・イングランドになってしまったら、英国全体を前提に考えてきたエネルギー・

環境政策や地球温暖化目標も再検討を強いられることになるだろう。例えば、豊富な洋上風力ポテンシャルを有し、2020年までに全発電電力量を再生可能エネルギーでとの目標を掲げるスコットランドが英国から離脱することになれば、残ったイングランドで2030年57％減を達成することは難しくなる。

EUの地球温暖化対策への影響

英国のEU離脱は、EUの地球温暖化対策にも影響を与える可能性がある。2015年にEUは、「2030年までに1990年比で少なくとも40％削減」という目標に合意し、条約事務局に提出をしたが、この目標を合意するに当たっては、ポーランドをはじめとする東欧諸国の強い反対を克服せねばならなかった。その結果、東欧諸国のように一人当たりGDPがEU平均の60％を下回っている国々には、非ETSセクターの国別割り当ての際に特段の配慮をすること、換言すれば、英国、ドイツ、フランス、北欧などの西欧諸国が、その分の負担を引き受けることとの妥協が図られたのである。

2030年までに1990年比57％減を掲げる英国を除いた27カ国で1990年比40％を達成しようとすれば、残された国々の負担はそれだけ増大することになる。ただし、パリ協定第4条第16項には、締約国が共同で目標を達成することを認める規定がある。「英国と英国離脱後のEUとが共同で40％目標を達成することに合意する」という形にすれば、負担分担の見直しという混乱は避けられる。英国は、もともと40％目標を決める際、50％減というより野心的な目標を主張していた。このため、自らの離脱によるEUの温暖化目標への影響を最小限にしようとする可能性は高い。ただ、この場合であっても、英国の抜けたあとのEUの目標は40％からの見直しが必要となる。第16項では、合意に参加した「各締約国（即ち、英国と英国離脱後のEU）」の排出削減目標を、それぞれ国連事務局に提

出することが求められるからである。

　英国の EU 離脱で EU のパリ協定批准が遅れるという懸念もあるが、既に米国、中国、カナダ、メキシコなどは 2016 年中の批准をコミットしており、Climate Analytics は、2016 年末までに世界の排出量の 53％を占める 50 カ国の批准が見込まれると見通しており、EU の批准を待たずともパリ協定が発効する可能性は高い。

　このように英国の EU 離脱で 40％目標が崩壊したり、パリ協定の発効が遅れる可能性は小さそうだ。しかし、今後の EU 域内のエネルギー温暖化対策に関する議論には少なからぬ影響が出てくると思われる。上述のように EU 域内で野心的な目標を主張する英国、ドイツ、フランス、北欧などの西欧諸国と、石炭依存が高く野心的な目標に消極的なポーランドなどの東欧諸国はしばしば対立関係にあった。こうしたなかで英国が離脱することは、EU 域内での「野心派」の力が相対的に弱まり、ポーランドなどの発言力が相対的に強まることを意味する。例えば、EU が今後、パリ協定に基づき、40％目標を引き上げようとしても、これまで以上に合意形成が困難になる可能性が高い。また、英国は、域内において EU-ETS 推進のチャンピオン的存在であった。EU の気候変動・エネルギーパッケージを議論する際、英国は「排出量目標一本があれば十分であり、2020 年時のような再生可能エネルギー目標や省エネルギー目標は不要」と主張し、再生可能エネルギー目標や省エネ目標も必要というドイツ、フランスなどと対立した。余剰クレジットの蓄積により機能不全を起こしている EU-ETS の立て直しのために案出された「市場安定化リザーブ（MSR）」を、欧州委員会提案の 2021 年導入ではなく 2017 年から前倒しで導入すべきとの議論を主導したのも英国である。市場原理主義的な英国の離脱は、補助金・規制を重視するドイツ、フランスの相対的発言権を高めることになり、EU 内での議論のベクトルにも影響を与える可能性がある。もちろん英国は、ノルウェーと同じように EU-ETS に参加しようとするはずである。しかし、EU 加盟国でなくなれば、MSR 導入後の EU-ETS のパフォーマ

ンス評価、更なる見直しといった議論には参加できなくなり、EU-ETS強化のための推進力が相対的に弱体化することは避けられないだろう。

更にいえば、EU 離脱によって英国、EU 双方における地球温暖化対策のプライオリティが少なくとも当面は低下せざるを得ないと思われる。英国にとっては、EU 離脱が共通市場へのアクセスや対英投資にマイナスの影響を与えないような形で欧州委員会と交渉を行うことが当面最大の課題となる。その際、今回の EU 離脱の最大の誘因となった移民などの「人の移動の自由」をどうするのかが争点となろう。そうしたなかで、地球温暖化対策のプライオリティが政府、国民いずれの間でも低下することは不可避だろう。英国の EU 離脱は、EU の政治・経済全体にもさまざまなマイナスの影響をもたらす恐れが高い。英国の国民投票の結果に意を強くしている反 EU 政党は欧州各国に存在し、第 2、第 3 の英国が出てくる可能性は排除できない。EU にとっては、英国との離脱交渉を行いつつ、残された 27 カ国の政治的・経済的結束強化と更なる離脱国出現の防止に腐心せねばならない。このような状況の下では、ブラッセルの権限が強い地球温暖化対策を強力に進めにくくなるであろう。一言でいえば、英国にとっても EU にとっても「地球温暖化対策どころではない」状況が現出しつつあるのである。

ナショナリズム、内向き志向と地球温暖化懐疑論

欧米においてナショナリズム、内向き志向を標榜する政治家、政党が台頭することは、地球温暖化アジェンダの推進にとって決してプラスにはならない。彼らは、概ね地球温暖化懐疑論的なポジションをとることが多いからである。ドイツの反 EU 政党「ドイツのための選択肢」は、再生可能エネルギーへの補助や脱原発を目指す「エネルギー転換」（Energiewende）に反対しており、「地球温暖化問題には多くの不確実性があり、科学的調査が先決。地球規模の問題は、大排出国の協調によってのみ解決可能であ

り、ドイツや欧州が一方的に行動を起こすことには反対」と述べている。フランスの反EU政党「国民戦線」は、「国連気候変動交渉プロセスは共産主義者のプロジェクトであり、グローバルなルールや合意を支持しない」とのポジションである。彼らの考え方に共通するのは、独立国の主権に「干渉」するEU、更には国連に代表されるようなマルチラテラリズムに対する強い反発である。そして、地球温暖化問題は、一国や一地域で対応できる問題ではなく、本質的にグローバルな問題であるだけにマルチラテラリズムが大きな役割を果たす分野である。地球温暖化問題については、欧州委員会が種々の指令、パッケージを作り、国際交渉の場では各国のポジションを調整のうえ、EUとしてワンボイスでの発言を行う。このため、反EU政党にとっては、格好の攻撃材料となるのだろう。

　彼らが政治の表舞台に出てくるトリガー（引き金）になるのは専ら移民問題、難民問題であり、エネルギー、地球温暖化問題は彼らの主要アジェンダではない。しかし、IS（イスラム国）に代表されるイスラム過激派のテロが各地で頻発し、移民、難民をめぐるトラブルが発生すると移民排斥を掲げる彼らの大衆扇動的な主張に支持が広がる傾向がある。欧米においてナショナリズムや反イスラム感情が高まることは、憎しみの連鎖を狙うISにとっては思う壺であり、むしろそれを狙っている感すらある。そして、ナショナリズムや内向き志向の台頭が結果的に地球温暖化のようなグローバルなアジェンダの追求を阻害することになる。テロと地球温暖化防止という、一見すれば無関係のように思える2つの事柄が間接的に結びついてしまうところに、さまざまな要因が複雑に絡み合う今日の世界情勢の難しさがある。

脱炭素化への道は単純ではない

　以上、述べたように筆者は、世界が全体としては脱炭素化の方向に向かうことを確信しているが、その道筋は、決して単純なものではないとも考

えている。「地球温暖化こそが最大の課題」と考える人々にとっては心外かもしれないが、何度も指摘しているように地球温暖化問題は世界のさまざまな政治、経済、社会アジェンダのなかの one of them であり、唯一至高のものではない。脱炭素化に向けた道筋は、主要国の政権交代による政策変更、原油価格動向、米国、中国、EU を含む世界経済の動向、中東情勢、対テロ戦争を含む国際政治情勢等々、さまざまな要素に影響を受けると考えるほうが現実的だろう。

第8章
26％目標達成のカギは原子力

第7章までは、COP21までの交渉経緯、パリ協定の概要と評価など、国際面に焦点を当てて論じてきた。京都議定書とパリ協定の最大の違いは、前者が先進国・途上国二分論に立脚した枠組みであるのに対し、後者は全員参加型の枠組みであるということである。同様に重要なのは、前者が目標レベルを国際的に交渉し、その達成を義務付けるのに対し、後者は各国が国情に応じて設定した目標を持ち寄り、それ自体を交渉の対象とせず、達成を法的義務にしていないということである。NDC（Nationally Determined Contribution）、即ち、「各国が決定した貢献」という呼称が目標の性格を物語っている。換言すれば、目標をどのレベルに設定するか、どのように達成するかも含め、各国が自分で責任を持つということである。それだけに日本がCOP21に先だって提出した2030年までに2013年比26％削減という目標の達成可能性、更にいえば、日本が地球温暖化問題の解決に今後どのように貢献していくかという点が非常に重要な論点になってくる。

　日本においても、パリ協定合意直後の2016年12月末から国内対策に関する議論が活発化してきた。同年12月22日には安倍首相を本部長とする地球温暖化対策推進本部が開催され、国内対策の取組方針、美しい星への行動2.0（ACE2.0）の実施、パリ協定の署名・締結に向けた取組みを柱とする本部決定が行われた。国内対策については、2016年春に目標達成のための対策を盛り込んだ「地球温暖化対策計画」のとりまとめ・閣議決定を行うこととなった。併せて抜本的な排出削減が見込める革新的技術の特定と開発方針を盛り込んだ「エネルギー・環境イノベーション戦略」、日本の目標の根拠となったエネルギーミックス達成のための「エネルギー革新戦略」もとりまとめることとなった。2016年5月には、これらの3つの対策、戦略が出揃い、地球温暖化防止に向けた国内対策の方向性が固まった。とはいえ、今後の日本の国内対策については、多くの論点がある。そこで第8章以降は、パリ協定を踏まえ、日本がとるべき対応について私見を述べてみたい。まずは「2030年に2013年比26％減」という日本の

目標について考えてみよう。

　26％目標については、2015年7月の提出以降、国内外の環境シンクタンクやNGOからのさまざまな批判に晒されてきた。その代表的なものは、「多くの先進国が1990年や2005年を基準年としているにもかかわらず、日本の約束草案は2013年を基準年としている」「日本の約束草案は容易に達成可能なものであり、野心のレベルが足りない」「原子力に頼らなくても目標のレベルを上げられる」「日本のエネルギーミックスにおいて石炭火力のシェアが高く、世界の潮流に反する」等々である。しかし、各国の約束草案は、それぞれ固有の国情に応じて策定されたものであることを忘れてはならない。その背景を正しく理解せぬまま、特定国の目標を指弾することは、建設的なエクササイズではないだろう。

なぜ2013年が基準年として選ばれたのか

　東日本大地震と巨大津波は、日本のエネルギー供給構造と温室効果ガス排出に大きな影響をもたらした。この「不可抗力」ともいうべき大災害により、2011年3月11日の前後で日本の温室効果ガス排出構造に明らかな不連続が発生した。具体的には、福島第一原子力発電所で事故が発生するとともに、福島第二原子力発電所などが被災して運転を停止しただけでなく、定期点検中であった原子力発電所の安全性が新たな規制基準で確認されるまでは、再稼働をさせないという政治的な判断によって、すべての原子力発電所が運転停止することとなった。これにより、日本の有するゼロエミッション電源が大規模に失われ、電力不足を補うため、化石燃料電源を稼働させざるを得なかった。この結果、日本の温室効果ガスは大きく増加することとなり、2013年の温室効果ガス排出量は過去最大に近い数値となった。

　また、エネルギーミックスにおける原子力の位置づけを含む日本のエネルギー政策議論も紛糾した。しかし、2014年4月のエネルギー基本計画

において3つのEとS、即ち、エネルギー安全保障、経済効率、環境保全、安全性を同時に達成するとの基本的な方向性が定められた。目標の根拠となるエネルギーミックスは、このエネルギー基本計画を踏まえて策定されたものである。26％削減という日本の約束草案は、上記の困難を克服し、気候変動枠組条約の究極目標を目指して真摯なボトムアップの努力を行うという日本の強い決意を示すものである。

したがって、過去のトレンドと明確な断絶のある2011年よりもあとに基準年を設定することは、技術的にも経済的にも政治的にもまったく正当なことである。2013年が基準年になったのは、最新データがあり、東日本大震災後の混乱が落ち着いてきたことによるものである。

日本の約束草案は容易に達成できるのか

「日本の約束草案は容易に達成できる野心の低いものだ」という批判は、日本の実態を知らないか、故意に無視したものであるといわざるを得ない。福島第一原子力発電所事故以後、日本のエネルギーを取り巻く環境は大きく変わり、エネルギー自給率の低下、化石燃料輸入に伴う国富の流出、エネルギーコストの上昇、温室効果ガスの増大という、他国が経験したことのない「四重苦」に直面していた。日本政府は、約束草案のベースとなるエネルギーミックスを検討するに当たって、「エネルギー自給率を震災前の25％以上に戻す」「日本の電力コストを現在よりも引き下げる」「欧米に遜色ない削減目標とする」という3つの要請を同時に満足させることを目指した。しかし、これは容易なことではまったくない。欧米に遜色ない削減目標にこだわれば、電力コストの上昇につながる可能性がある。電力コスト低下を進めるため、石炭火力を増大させれば温室効果ガスが拡大してしまう。この複雑な連立方程式を克服するために、さまざまな議論を経て「実質GDP成長率1.7％を維持しつつ、2030年のエネルギー需要を自然体（BAU）から13％、電力需要をBAUから17％減少させる」「総発電

図4：26%目標の根拠となった電源構成

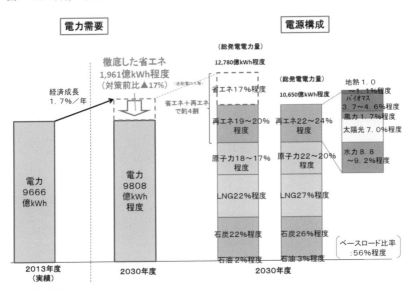

[出所] 経済産業省

量に占める原子力の比率を20〜22%にする」「総発電量に占める再生可能エネルギーの比率を22〜24%にする」というエネルギーミックスが文字どおり「捻り出された」のである。しかし、日本の置かれたエネルギー情勢、政治経済情勢を考えれば、このいずれも容易に達成できるものではない。

省エネ目標を達成するためには、今後15年間の間に日本のエネルギー消費のGDP原単位を累積で35%、年率で2.3%改善することを意味する。これほどのエネルギー効率改善は1970年代の石油危機の直後に生じたのみである。主要国のなかで英国に次いでエネルギー効率が高い（GDP原単位が低い）日本にとって、このような急速かつ大幅な省エネを達成することのハードルは極めて高い。

原子力発電のシェアを現状の1%から20〜22%にするには、既存原子力発電所の着実な再稼働と運転年数延長が必要となる。大震災と巨大津波

を踏まえ、世界的にも極めて厳しい新規制基準が導入され、再稼働のためには1兆円（約82億ドル）を超える追加投資が必要となっている。また、原子炉の運転年数は原則40年となり、例外的に延長が認められても一度限り最大20年とされた。原子力に否定的な国民感情が未だに根強く存在するなかで、再稼働と運転年数延長を行うことは、茨の道であろう。

　再生可能エネルギーについてもチャレンジングである。エネルギーミックスでは、水力を除く再生可能エネルギー電源の発電量を、2013年から2030年にかけて31TWhから237〜252TWhへと7〜8倍拡大することを目指している。こうした急速な拡大は、ドイツ、英国、イタリアなどが2000年から2014年にかけて実現した拡大に匹敵するものである（発電量の増分でみれば、より野心的である）。しかも欧州と異なり、日本は他国と接続された送電網なしに間欠性のある大量の再生可能エネルギー電力を吸収し、系統安定を確保しなければならない。

　このようにエネルギーミックスの3つの柱は、どれをとっても大きなチャレンジであることは明らかである。「容易に達成できる。野心のレベルが低い」という議論には憤りすら覚える。

日本の約束草案の野心レベルは欧米に比して低いのか

　日本の約束草案を1990年基準や2005年基準で置き換えたうえで、EUや米国の目標とパーセンテージの数字を比較して「野心が低い」と批判することは、京都議定書時代のアナクロニズム的発想である。重要なのは、パーセンテージの数字ではなく、努力の度合いの比較可能性であろう。例えば、現在及び2030年のGDP当たりの温室効果ガス排出量や一人当たり排出量をみれば、日本の約束草案は2030年時点で0.16kg/米ドル、8.9ｔ/人を目指している。米国の数値（2025年）が0.27kg/米ドル、14.8ｔ/人、EUの数値（2030年）が0.31kg/米ドル、6.6ｔ/人であることを考慮すれば、十分、比肩し得る野心的な数値である。更に地球環境産業技術研究

図5：各国の約束草案の限界削減費用

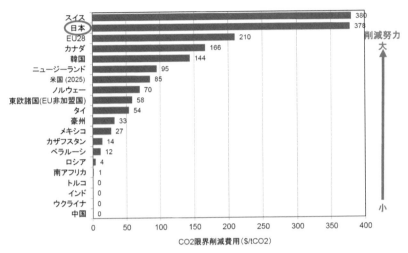

[出所] 地球環境産業技術研究機構（RITE）

機構（RITE）のモデル分析をみると、26％目標を達成するために必要な限界削減費用はトン当たり378ドルに達する。これは、米国（60〜69ドル）やEU（166ドル）に比してもはるかに高く、欧米よりもはるかに野心的であるとすらいえる。また、限界削減費用のみならず、排出量基準年比削減率、一人あたり排出量、GDP比排出量、BAU（ベースライン）比削減率、2次エネルギー（電力、ガス、ガソリン、軽油）価格、GDP比削減費用も指数化し、各国の約束草案を比較しても日本の目標値は野心のレベルが非常に高いことがわかる。

　筆者は、今回の目標決定プロセスのなかで、「欧米に遜色のない目標数値」ということに囚われ過ぎていたと考えている。目標が決定されたあと、政府は1990年、2005年、2013年を基準年として、EU、米国、日本の約束草案の数値を「翻訳」し、比較するというプレゼンテーションをしばしば行っていた。1990年基準年の場合、「EU40％減、米国14〜16％減、日本18％減」、2005年基準年の場合、「EU35％減、米国26〜28％減、日本

図6：複数指標に基づく約束草案の野心度比較

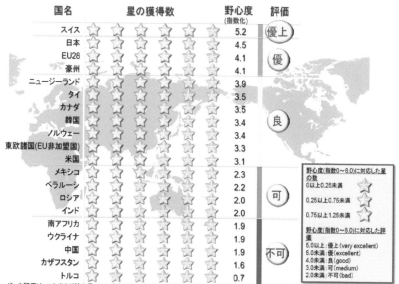

[出所]地球環境産業技術研究機構(RITE)

25.4％減」、2013年基準年の場合、「EU24％減、米国18〜21％減、日本26％減」となり、「2013年基準でみれば日本が最も野心的」というわけである。しかし、このような数字の比較を行うこと自体、特定の基準年に基づくパーセンテージの数字の大小を競うという、京都議定書型の発想ではないだろうか。

原子力なしで、より野心的な目標が出せるのか

　原子力のシェアを20〜22％としたことに対して、「未だ原子力頼みのエネルギーミックスだ」とか「原子力なしでもっと高い目標が出せる」という批判もある。これは、福島第一原子力発電所事故以後、化石燃料の輸

入増大、円安の進行、再生可能エネルギー賦課金の拡大により、日本の電気料金が東日本大震災以降、家庭用で20％、産業用で30％上昇し、国民生活、産業活動、マクロ経済に大きな負担をもたらしてきたという事実を無視した妄言である。エネルギーミックスの設定に当たってエネルギー安全保障（自給率の回復）、環境保全（CO_2排出削減）と併せて経済効率（エネルギーコストの低減）が重要な要件として位置づけられたのは、こうした問題意識があるからなのである。

　新たなエネルギーミックスでは、再生可能エネルギーのシェアを22〜24％に拡大することを目指しているが、それによって全量固定価格購入制度（FIT）の負担は、2013年時点の0.5兆円から2030年には3.7兆〜4兆円に膨れ上がる。これを原子力発電所の再稼働、省エネルギー、再生可能エネルギー拡大による化石燃料の輸入コストの節減分（9.2兆円から5.3兆円に縮小）で吸収しようというのがエネルギーミックスの設計思想である。なかでも原子力発電所の再稼働による貢献は、コスト圧縮分の大半を占める。

　即ち、再生可能エネルギーのシェアを引き上げながら、電力コストを現在よりも下げるためには、原子力発電所の再稼働と運転期間の延長を進めることが不可欠なのである。「原子力をフェーズアウトし、それを再生可能エネルギーで代替せよ」など、原子力と再生可能エネルギーを対立関係、二者択一で考える議論がいかに非現実的なものであるかは明らかであろう。仮に原子力20〜22％分がすべて再生可能エネルギーで代替された場合、電力コストは政府の策定したエネルギーミックスに比して4.3兆〜4.8兆円増大することになる。電力コストの低下という強い要請を満たすどころか、かえって電力コストが拡大することになるのである。「原子力をフェーズアウトし、再生可能エネルギーで代替して26％を上回る野心的な目標を」ということになれば、電力コストの増大幅は更に跳ね上がる。先に紹介したRITEの限界削減費用分析は、減価償却が進み、限界削減費用が非常に低い原子力発電所の再稼働を前提としている。仮に原子力発電

所の再稼働が期待されたように進まず、その不足分を埋めるために省エネや再生可能エネルギーの目標値を更に引き上げることになれば、限界削減費用は跳ね上がり、日本経済に多大な悪影響を与えることになる。

石炭火力を排除すべきなのか

　エネルギーミックスのなかで総発電量の 26% を石炭火力が占めていることも、環境 NGO の攻撃材料となっている。「先進国が石炭火力のシェアを下げつつあるなかで、日本は脱石炭、脱炭素化という世界の流れに逆行している」というものである。

　確かに福島第一原子力発電所事故がなければ、石炭火力のシェアをもっと低いものにできたかもしれない。しかし、福島第一原子力発電所事故以後、日本は、ほぼ 1000 万 kW にのぼるベースロード電源を失った。原子力発電所については運転期間 40 年、延長しても最大 20 年という稼働年数が法定化されたことに加え、いくつかの原子力発電所は廃炉されることになっている。仮に他のすべての原子力発電所が再稼働されたとしても、総発電量の 20〜22% を賄える程度である。東日本大震災前に原子力発電所が 30% 近い電力を供給していたことを考えれば、この不足分を運転特性、コスト、炭素制約などを勘案しつつ他の電源で代替しなければならない。太陽光や風力は間欠性があるため、原子力発電所を完全に代替することはできず、火力によるバックアップを必要とする。地熱、水力、バイオマスは安定電源であるが、その拡大には物理的な制約がある。ガス火力の CO_2 排出は少ないが、電力コストやエネルギー安全保障のことを考慮すれば、それだけに依存するわけにはいかない。日本の LNG 火力は、米国や EU のガス火力よりも高コストである。IEA は、日本のガスの輸入コストは米国の国内ガス価格の 4 倍、EU の輸入コストの 2 倍近くであり、2040 年においても格差は継続すると見込んでいる。安価な国産シェールガスがある米国とは事情が違うのである。電力コストを下げるために安価

で安定的な電源がどうしても必要となる。日本が一定量の石炭火力を必要としているのは、それが理由である。ベースロード電源である原子力と石炭のシェアを合計46〜48％とするという目標は、エネルギーセキュリティ、エネルギーコスト、環境保全の3つのEを実現するうえでの各電源の強み、弱みを総合的に勘案したものなのである。

現在、検討されている石炭火力新設プロジェクトは1700万kW分にのぼり、これがすべて実現すれば、エネルギーミックスで想定された石炭火力のシェアを超過するという批判もある。しかし、現在進行中の電力市場自由化のもとでは、発電コストの低い石炭火力が魅力的なオプションになることは不可避である。特に原子力発電所の再稼働が想定どおりに進まなければ、石炭火力は、安価で安定的なセカンドベストの電源としての役割を期待されることになるだろう。逆に原子力発電所の再稼働が着実に進むのであれば、石炭火力の必要性は減殺されることになる。震災後の追加的な政策コスト、事故関連コストを上乗せしても原子力の発電コストは石炭よりも安く、既存の原子力発電所の再稼働による発電コストはそれよりも更に低い。したがって、1700万kWの石炭火力新設プロジェクトがすべて実現するか、どの程度の設備利用率で運転されるかは、原子力発電所再稼働の見通しに依存するところが大きい。

2016年5月、オックスフォード大学スミス企業環境大学院は、「石炭火力を大幅に増強するという日本の計画は誤った予測に基づき、日本は600億ドル超の座礁資産を背負い込む」との論文を発表し、日本でも報道された。しかし、これは、すべての石炭火力新設計画がリスク評価もなしに実施されるとする一方、5〜15年ですべての石炭火力が電力システムから排除されるという二重の意味で非現実的、恣意的な想定を置いている。しかも、未発表・不確定の案件まで含めて新設計画を2800万kWに水増しし、償却期間を長くとることにより、座礁資産額を大きく見せている。そこには、エネルギーセキュリティ、エネルギーコスト、地球温暖化防止の両立というベストミックスの観点や、石炭火力の排除による経済影響がまった

く考慮されておらず、「石炭火力を排除する」という結論先にありきのクオリティの低いものといわざるを得ない。しかし、その論文ですら、新設石炭火力を最小化するためには、原子力発電所の再稼働が有効であるという点は正しく指摘している。

　日本の環境NGOは、しばしば石炭火力新設プロジェクトに反対する一方で、原子力発電所の再稼働にも反対するが、石炭火力新設のニーズと原子力発電所の再稼働との相関関係への認識を欠いているといわざるを得ない。環境大臣も環境アセスメントを通じて石炭火力新設プロジェクトに物言いをつけているが、それならば地球温暖化防止責任官庁として原子力発電所の再稼働の必要性をもっと国民に訴えるべきではないか。原子力については口を噤んだままで石炭火力のみをやり玉に挙げるのは、バランスを欠いた対応といわざるを得ない。

26％目標をめぐる4つのシナリオ

　このように26％目標の中身をみれば、再生可能エネルギーの増大を支えるためにも、石炭火力の想定以上の増大を避けるためにも、原子力発電所の再稼働・運転期間延長が決定的に重要であることは明らかである。しかし、第10章で改めて論ずるように、原子力発電所をめぐる状況は不透明感に包まれており、足元の再稼働も遅々として進んでいない。26％目標の前提となったエネルギーミックスには、日本及び世界の経済成長率、化石燃料の価格など、種々の不確定要因があるが、ここでは原子力発電所をめぐる不確実性を中心に4つのシナリオを考えてみよう。

　第1のシナリオは、2030年までには停止中の原子力発電所が紆余曲折を経ながらも再稼働し、運転期間の延長も認められ、エネルギーミックスで想定していた原子力発電所からの発電量が概ね確保できるケースである。この場合、26％の実現可能性はかなり高まるといってよいだろう。これは最も望ましいシナリオであるが、問題は実現可能性である。足元の原

子力をめぐる状況をみていると、決して楽観できるものではない。

　第2のシナリオは、原子力発電所の再稼働が想定されたように進まないなかで、省エネ、再生可能エネルギー、ガス、石炭などを組み合わせ、電力コストの上昇を抑えつつ、電力需給をバランスさせるケースである。その時点で化石燃料の価格が非常に高騰し、再生可能エネルギーのコストが著しく下がっていない限り、エネルギーミックスで想定されたよりも化石燃料のシェアが増大する可能性が大きい。この場合は26％の達成が困難になる。パリ協定では、約束草案の目標達成は法的義務ではなく、万が一達成できない場合であっても罰則がかかるわけではないが、一度国際的に提出した数字が達成できないとなると議論が生じよう。

　第3のシナリオは、原子力発電所の再稼働が種々の要因で進まないため、更なる省エネと再生可能エネルギーの上積みによって原子力の穴を埋め、26％の達成を図ろうとするケースである。再生可能エネルギーの補助コストが更に拡大することになるため、間違いなく電力コストは増大する。原子力のシェア1％を再生可能エネルギーで代替すれば余分に2180億円のコストがかかることになるからである。既に紹介したように26％目標を達成するための限界削減費用は378ドル/t-CO_2と、ただでさえ他国に比して非常に高い。そして、この限界削減費用は、原子力発電所の再稼働を前提としたものなのである。現在、停止している原子力発電所を再稼働させるコストは、新規制基準に基づく安全対策の強化を計算に入れても限界削減費用は圧倒的に安い。これが実現しなければ26％達成のための限界削減費用は大きく膨らむことになり、日本経済、産業競争力に対して大きな悪影響を与えることになるだろう。また、エネルギーコストの逆進性の高さも忘れてはならない。電力コストの大幅上昇は、可処分所得に対するエネルギーコストの支出割合の高い低所得層に対して大きな負担をもたらすことになる。福島第一原子力発電所事故の直後、脱原発を主張し、「たかが電気」と嘯いた文化人がいた。高額所得者にとっては、電力コストの上昇など痛痒を感じないのだろうが、日本経済、国民生活全体に関わる問

題をこのような軽々しい言葉で断ずる姿勢には強い憤りを覚えたものである。

　第4のシナリオは、原子力発電所の再稼働が種々の要因で進まず、国内対策（省エネ、再生可能エネルギー）でその穴をすべて埋めることは難しいため、海外からのクレジット購入によって目標を達成しようというケースである。ちょうど京都議定書の6％目標の一部をCDMなどのクレジット購入で達成したのと同じ発想である。「海外からのクレジット」といっても、パリ協定に基づく新たなメカニズムがどのようなものになるのか、日本が進めている二国間クレジットがどれほど読み込めるのか、クレジットの価格がどうなりそうかはまったくわからない。あるいは中国、韓国で導入が始まっている排出量取引市場で買ってくるということになるのかもしれない。クレジットによるオフセットを認める分、第三のシナリオに比してコストが安くなる可能性があるが、化石燃料の輸入コストに加え、「空気」を買うためにも国富が流出することになる。

26％目標は天から降ってきたものではない

　4つのシナリオのうち、第3、第4のシナリオはいずれも「一度約束草案で出した以上、何があっても26％を達成する」ということが前提になっている。しかし、もともと26％は天から降ってきた数字ではない。エネルギー自給率の回復、電力コストの引き下げ、他国に遜色のない目標の3つの要請を満たすべく、ボトムアップの積み上げで作ったエネルギーミックスの結果の数値である。原子力発電所の再稼働、運転期間の延長が進まないという状況変化にもかかわらず、「何があっても26％」というのはボトムアップで作られた目標が一人歩きし、トップダウンの目標に転化したことを意味する。特にシナリオ3の場合、3つの要請のうち、電力コストの引き下げを放棄したことになる。シナリオ4の場合、国内での目標未達を海外からのオフセットで補うことでコストを削減するという京都議定

書的アプローチだが、京都議定書では、目標達成が法的義務だった。パリ協定では、京都議定書のように目標達成が法的義務になっていないにもかかわらず、「空気」を買うために国富が海外流出することには大いに疑問がある。

　地球温暖化防止は、非常に重要な政策課題ではあるが、それが唯一至高の政策目的ではなく、エネルギー安全保障、経済成長、低廉なエネルギーコストなどとのバランスをとらねばならない。だからこそ26％の根拠となるエネルギーミックスは、エネルギー自給率の回復、電力コストの引き下げ、諸外国に遜色のない目標という3つの要請の均衡解を見出すエクササイズの結果として策定されたのである。エネルギーミックスの実現に決定的な役割を果たす原子力発電所の再稼働が想定のように進まないのであれば、重大な前提状況の変化である。ならば、26％にこだわらず、3つの要請を満たす新たな均衡解を見つけるのが論理的対応であろう。もちろん、今、26％を見直せということではない。原子力発電所の再稼働、運転期間の延長が2020年以降にずれ込んだとしても2030年時点での目標達成は論理的には不可能ではない。まずは26％達成を達成するため、原子力発電所の再稼働、運転期間の延長に向けて全力を傾注するということだろう。

2020年の目標通報時は要注意

　日本が絶対に避けるべきなのは、COP決定パラ24に基づき、2020年までにNDCを通報する際に、成算もないままに26％を更に上積みすることである。2020年には、米国が2025年までに2005年比26〜28％減という現在の目標を2030年目標に見直すことになる。仮にクリントン政権が誕生すれば、2030年までに30％を相当上回る削減目標を出してくる可能性は十分にある。そうなると、「米国が2030年30％台の目標を出したのだから、日本も目標を30％台にすべきだ」と主張する人々が必ず出てくるだろう。また、仮に今後策定される長期戦略に2050年の長期削減

目標を盛り込んだ場合、「2050年目標から逆算すれば、2030年目標が26％では足りない」という議論が生ずる可能性もある。

　26％が相当の無理をして作られている目標であることは、これまで述べたとおりである。2020年までに原子力をめぐる環境が劇的に改善し、原子力発電所の再稼働、運転期間の延長はもとより、新増設まで見通せる状態になる、再生可能エネルギーのコストや間欠性を補うためのバッテリーのコストが劇的に下がるなどの大きな事情変更でもない限り、安易な目標の上積みは自縄自縛のリスクを更に増すだけである。確かにパリ協定4条3項は、「累次のNDCは現在のものから前進を示し、可能な限り最も高い野心を反映したものとする」と規定しているが、使われている助動詞は「will」であり、法的拘束力を示す「shall」ではない。原子力発電所の再稼働が進まないならば、目標を26％のままにしたとしても、与えられた状況の下で「可能な限り高い野心」であると十分主張できる。他国の目を気にして野心的な目標を掲げ、あとでその落とし前をつけるために自縄自縛に陥り、高いコストを払うという愚の骨頂は避けるべきである。

第9章 長期戦略と長期削減目標

日本の今後の国内対策に大きな影響を与えるのは、2030年の中期目標だけではない。パリ協定第4条第19項では、締約国は温室効果ガス低排出型発展のための長期戦略を策定・通報するとされており、COP決定パラ36では、2020年までに戦略を提出することが招請された。2016年6月のG7伊勢志摩サミット首脳声明では、「2020年の期限に十分に先立って今世紀半ばの温室効果ガス低排出型発展のための長期戦略を策定し、通報することにコミットする」ことが合意された。

　国内では、長期戦略に向けた検討が2016年夏から始まっているが、既に地球温暖化対策計画の策定時から前哨戦が始まっている。2016年5月に閣議決定された地球温暖化対策計画のなかには、2030年26％減に向けた対策に加え、条件付きとはいえ、2050年に80％削減を目指すという長期目標が記載された。具体的な記述は以下のとおりである。

　「日本は、パリ協定を踏まえ、すべての主要国が参加する公平かつ実効性ある国際枠組みのもと、主要排出国がその能力に応じた排出削減に取り組むよう国際社会を主導し、地球温暖化対策と経済成長を両立させながら、長期的目標として2050年までに80％の温室効果ガスの排出削減を目指す。このような大幅な排出削減は、従来の取組の延長では実現が困難である。したがって、抜本的排出削減を可能とする革新的技術の開発・普及などイノベーションによる解決を最大限に追求するとともに、国内投資を促し、国際競争力を高め、国民に広く知恵を求めつつ、長期的、戦略的な取組のなかで大幅な排出削減を目指し、また、世界全体での削減にも貢献していくこととする」

　高い目標を掲げて努力することは、個人の生き方としては賞賛されるべきである。しかし、国全体の温室効果ガス削減目標となれば、個人レベルの精神論では済まない。ある種の国際公約となり、国の経済全体に対する影響も非常に大きいからである。筆者は、この80％目標については多くの問題があると考えている。次頁以降、その理由を説明したい。

80％目標は世界全体の削減目標とパッケージ

　まずは「80％」という数字の来歴を振り返ってみよう。日本における長期目標の議論は、2007年5月に安倍首相が「美しい星50」において「世界全体の排出量を現状に比して2050年までに半減する」との目標を世界全体で共有することを提唱したことに遡及する。これは、「世界では自然界の吸収量の2倍の温室効果ガスが排出されており、これをバランスさせるべき」という考えに基づくものである。

　同年11月にとりまとめられたIPCC第4次評価報告書政策担当者向け要約には、温度安定化とそれに必要な温室効果ガス濃度、地球全体の排出削減量に関するシナリオ分析が提示された。産業革命以降の温度上昇を最も低く保つカテゴリーⅠにおいては、地球全体のCO_2排出量を2000年比50〜85％削減する必要があると試算されている。

　それでは、「2050年までに80％」という数字はどこから出てきたのか。IPCC第4次評価報告書には450ppm、550ppm、650ppmの3つの濃度シナリオそれぞれにつき、附属書Ⅰ国と非附属書Ⅰ国の温室効果ガス削減イメージを示した囲み記事が掲載されている。温度上昇を最も低く抑える450ppmシナリオでは、附属書Ⅰ国が2020年に1990年比25〜40％削減、2050年に1990年比80〜95％削減するとの絵姿が示されている。これが日本を含め、「先進国2050年80％削減」という、度々言及される数値の出所となったのである。この囲み記事は、政治的フィージビリティやコストを顧慮したものではなく、しかも附属書Ⅰ国については削減幅を特定する一方、非附属書Ⅰ国については「ベースラインからの顕著な乖離」と示されているのみで、グローバルな排出削減を考える観点では、極めてバランスを欠いたものであった。当然ながら、これはIPCCの勧告でもなんでもない。にもかかわらず、この数字はポスト2013年枠組み交渉の際、「先進国は2020年までに1990年比25〜40％削減すべき」というEUや途上国の主張の根拠となった。2009年に鳩山首相が打ち出した1990年比25

％削減目標も、この囲み記事が発端となっている。そして、2050年80％削減という数字もこの記事に淵源を有するのである。

　各国とも期近な2020年目標については、フィージビリティや経済影響を考慮しつつ策定しなければならない。EUは、1990年という圧倒的に有利な基準年を使って1990年比20〜30％という目標を出したが、米国は2005年比17％減（1990年比3％減）と「1990年比25〜40％減」から大きく乖離したものとなった。実現可能性の検討もせずに25％目標を打ち出した日本とは対照的である。

　2050年の地球全体の半減目標については、いろいろなマルチの場（APEC、東アジアサミット、主要経済国会合など）で日本を含む先進国が途上国に対して強く提唱し続けてきた。しかし、2007年のハイリゲンダムサミットでも、2008年の洞爺湖サミットでもG8レベルでは、「2050年に世界全体で少なくとも50％削減をすべての締約国が共有する」というメッセージを盛り込んだものの、中国、インド、南アフリカなどが入ったアウトリーチの場では、長期の全地球削減数値目標には合意できないままであった。こうしたなかで、コペンハーゲンのCOP15の年に開催された2009年のラクイラサミットでは、初めて2050年先進国80％減という数字が出てくる。具体的には、「地球全体の50％削減目標を共有。その一部として先進国が2050年までに80％、あるいはそれ以上削減するとの目標を支持」というものである。これは、途上国が全球削減目標に乗るのであれば、先進国は深堀りをする用意があるというパッケージ提案であり、先進国が無条件で80％削減をコミットしたものではない。しかし、このパッケージ提案に対しても主要途上国が首を縦に振ることはなかった。全球半減目標に合意すれば、先進国の2050年時点の排出量を差し引いた残りが途上国の排出分ということになる。たとえ拘束力のないものであっても、そうした総量目標を受け入れることはできないということであろう。G8サミットに引き続いて行われた主要経済国会合（MEF）首脳声明では、「2050年までに大幅削減するようなグローバルな目標を定めるべく作業す

る」という表現にとどまり、その結果、先進国 80％という数値目標にも言及されないこととなった。このことは、「先進国 2050 年 80％削減」という目標が「全地球半減目標の共有」とのパッケージディールであるという性格を雄弁に物語っている。

　この「全地球 2050 年半減目標を共有し、その一部として、先進国は 2050 年 80％削減」というパッケージへの言及は、2011 年のドーヴィル・サミットが最後であり、2012 年のキャンプデービッド、2013 年のロックアーン、2014 年のブラッセルのサミットでは、「科学と整合性をとり、産業革命以降の温度上昇を 2℃以下に抑えるなかで、我々の役割を果たす」という表現が使い回されることとなった。ラクイラサミット以降、累次の議論を重ねても、特に中国、インドなどの新興国が実質的に自分たちの排出総量にも影響を与える全球数値目標を決して受け入れないという点も明白になってきたこと、長期目標よりも 2015 年の COP21 での合意を成功させるという点を優先したなどの事情が考えられる。

　全地球削減目標数値が久々に言及されるのは、2015 年 6 月のエルマウサミットである。これは、2014 年末に発表された IPCC 第 5 次評価報告書において 2℃安定化のための排出シナリオが改訂されたことを踏まえたものである。新たなシナリオでは、450ppm シナリオを達成するためには世界全体の排出量を 2050 年時点で 2010 年比 41 〜 72％、2100 年時点で 78 〜 118％削減することが必要との絵姿が示された。更に IPCC 第 5 次評価報告書で注目すべき点は、第 4 次評価報告書の囲み記事のような先進国に特化した中期・長期削減目標への言及がないことである。京都議定書に代わってすべての国が参加する枠組みを作ろうというときに、二分法の考え方に基づき、先進国のみに特化した目標を提示することはかえって有害であるとの配慮が働いたとも考えられる。

　これを受けてエルマウサミットでは、「我々は世界全体での対応によってのみ、この課題に対処できることを認識しつつ、世界全体の温室効果ガス排出削減目標に向けた共通のビジョンとして、2050 年までに 2010 年

比で最新の IPCC 提案の 40％から 70％の幅の上方の削減とすることを、UNFCCC の全締約国と共有することを支持する。我々は、2050 年までにエネルギー部門の変革を図ることにより、革新的な技術の開発と導入を含め、長期的にグローバルな低炭素経済を実現するために自らの役割を果たすことにコミットするとともに、すべての国に対して我々のこの試みに参加することを招請する。このため、我々はまた、長期的な各国の低炭素戦略を策定することにコミットする」とされた。

　ここで特筆すべきは、2050 年における世界全体の排出削減幅については言及されている一方、「その一部として先進国〇％」という数値への言及がなく、その代わりに革新的技術の開発・普及を通じたグローバルな低炭素経済への役割を果たすとの方向を打ち出したことである。過去の経験から COP21 に全球数値目標が入らないであろうことを見越してのことかもしれない。むしろ長期の排出削減のためには技術がカギであるとのメッセージが明確に出ている分、単なる数値目標よりも評価できるものでもある。

　そして、2015 年 12 月の COP21 では、事前の予想どおり、上記の全球長期削減目標が協定に盛り込まれることはなく、1.5 〜 2℃という温度目標と今世紀後半に排出と吸収をバランスさせるという定性的な目標が入ることで決着した。2016 年 6 月の伊勢志摩サミット共同声明では、温度目標や排出・吸収バランスについては盛り込まれたが、地球全体の削減目標も先進国の 80％目標も言及されることはなかった。

　以上、80％という数字の来歴について長々と説明してきたのは、「先進国 80％という数字は、IPCC の勧告でも何でもない囲み記事が出所であった」「先進国 80％目標は、全球長期削減目標に合意するための材料として語られてきた」ということを改めて強調したかったからである。数値目標というものは、その出所や位置づけがいとも簡単に忘れられ、一人歩きしやすい。しかし、「80％だから 80％」では仕方がない。「なぜ 80％なのか」と根本に遡って問いかけることが重要である。そして、80％とパッケー

ジであったはずの世界全体で排出削減目標は、累次の交渉にもかかわらず共有されていない。そうしたなかで、先進国だけが片務的に80％削減をコミットすることは明らかにバランスを欠いているのである。

2050年40〜70％減の不確実性

　更に2℃安定化との関係でこれまで繰り返し言及されてきた「2050年全世界半減」、それに代わる「2050年40〜70％減（2010年比）」という長期削減目標の位置づけについても、状況が変わってきている。産業革命以降の温室効果ガス濃度が倍増した場合、温度が何℃上昇するかを示す「気候感度」をめぐる不確実性が増大しているからである。

　気候感度のレベルについては、専門家の間でも意見が分かれているが、IPCC第4次評価報告書においては、気候感度の幅が2〜4.5℃とされ、最適推定値を3℃と置いていた。しかし、第5次評価報告書では、実測データを使用する研究者とモデル分析を重視する研究者の間で1.5℃から4.5℃まで見解が分かれ、「最適推定値なし」ということとなった。

　第6章で述べたように気候感度の大小は、あるレベルで温度安定化を達成するために必要な温室効果ガス濃度の安定化、ひいては今後必要とされる排出削減パスの形状に非常に大きな影響を与える。気候感度が3.0℃か2.5℃かで2℃安定化に必要とされる世界全体の排出削減パスの形状も大きく変わる。気候感度を3℃とし、温室効果ガス濃度が500ppmを超えずに2℃安定化を目指す場合、各国の約束草案の合計値は2℃安定化のために求められる排出削減経路から大きく外れてしまう。これに対して気候感度を2.5℃とし、温室効果ガス濃度が580ppmをいったん超えることを許容した場合、各国の約束草案の合計値は求められる排出削減経路とかなり整合的になる。気候感度がわずか0.5℃違うだけで、同じ温度目標の下であっても求められる排出経路が変わってくるのである。

　このように、気候変動枠組条約が規定した究極目標である「気候系に

対して危険な人為的干渉を及ぼすこととならない水準において、大気中の温室効果ガスの濃度を安定化させること」の解として、「2050年半減」及び、それに代わる「2050年40〜70％減（2010年比）」は、さまざまな選択肢のひとつでしかない。したがって、そこから派生した「先進国80％減」も絶対視すべき性格のものではないのである。

見直すべきであった80％目標

　日本の長期目標が初めて言及されたのは、2008年に出された福田ビジョンに遡る。2050年までに世界全体の温室効果ガスを少なくとも半減するとの目標を共有することを目指し、先進国が途上国以上の貢献をすべきとの観点から、日本は2050年までに現状から60〜80％の削減を目指すとした。そのあと2009年に入り、ラクイラサミットで「世界半減、先進国80％減」というパッケージが出てきたことを踏まえ、2009年11月の鳩山首相・オバマ大統領による日米共同メッセージでは「両国は、2050年までに自らの排出量を80％削減することを目指すとともに、同年までに世界全体の排出量を半減するとの目標を支持する」ことが表明された。日本自身の目標として「2050年80％削減」が言及されたのは、これが初めてである。

　この目標は、2012年4月に閣議決定された第4次環境基本計画においても「産業革命以前と比べ世界平均気温の上昇を2℃以内にとどめるために温室効果ガス排出量を大幅に削減する必要があることを認識し、2050年までに世界全体の温室効果ガスの排出量を少なくとも半減するとの目標をすべての国と共有するよう努める。また、長期的な目標として2050年までに80％の温室効果ガスの排出削減を目指す」という形で踏襲された。

　しかし、2012年4月時点では、2011年3月の福島第一原子力発電所事故後の安全対策見直しによって、日本の原子力発電所がすべて停止していた。日本のエネルギーを取り巻く環境がまったく変わり、地球温暖化対策

についても見通しが立たなくなっていた。このため、2020年25％目標については、「日本は、すべての主要国が参加する公平かつ実効性のある国際枠組みの構築と意欲的な目標の合意を前提として、2020年までに1990年比で25％の温室効果ガスを排出削減するとの中期目標を掲げている。他方、現在、東日本大震災、福島第一原子力発電所事故といったかつてない事態に直面しており、エネルギー政策を白紙で見直すべき状況にあることから、2013年以降の地球温暖化対策・施策の検討をエネルギー政策の検討と表裏一体で進め、中期的な目標達成のための対策・施策や長期的な目標達成を見据えた対策・施策を含む地球温暖化対策の計画を策定し、その計画に基づき、2013年以降の地球温暖化対策・施策を進めていく」として見直しの方向性が示されている。25％目標はもともと根拠の乏しいものであったが、福島第一原子力発電所事故により、いよいよ実現可能性がゼロになった以上、見直しは当然のことであった。その際、併せて、その先に置かれた2050年80％目標も見直すべきであった。原子力発電所の全停止の穴を埋めるため、化石燃料由来の火力発電に依存せざるを得ず、温室効果ガス排出量は、減少どころか増大しているなかで、当然に2050年に至る道筋も大きく変わってくる。長期目標だからという理由できちんとした議論もせずに、80％目標を維持した前政権の責任は大きいと思う。

80％削減のイメージと経済影響

　そもそも80％削減を実現させる絵姿とはどういうものなのか。環境大臣の私的懇談会である気候変動長期戦略懇談会が2016年2月に提出した提言では、「2050年80％のイメージ」が示されている。最終エネルギー消費は1990年比4割減、産業部門では大規模CO_2発生源にCCS（炭素貯留・隔離）を設置、発電電力量の9割以上が低炭素電源（再生可能エネルギー、CCS付の火力、安全性の確認された原子力）などというものである。しかし、このシナリオ分析の最大の問題点は、それを達成するため

の経済コストがまったく示されていないことである。

　2050年80％減の衝撃を考えてみよう。2030年の26％目標を達成するためには、現在から温室効果ガス排出量を年率1.6％で削減しなければならない。そこから2050年に1990年比8割減を達成するためには、2030～2050年に年率7％近い排出削減が必要となる。2030年目標は省エネ、原子力、再生可能エネルギーいずれの面でも非常にハードルの高いものであるが、一挙にその4倍以上のスピードで排出削減をせねばならないのである。2013年度を基準年としても、2030年度から2050年度にかけては、年率6.5％削減が必要となる。

　「英国やドイツも80％目標を掲げている。日本もそれに倣うべきだ」という議論があるが、2012年時点で英国は1990年比で25％減、ドイツは24％減まできている。1990年比80％減まで、あと38年間で55～56％というところであり、年率でいえば3.5％程度の削減である。日本の場合、2013年を基準年としてもあと37年で80％を削減しなければならない。しかも2030年目標は、原子力発電所全停止という足元の状況を出発

図7：2050年80％削減への道筋

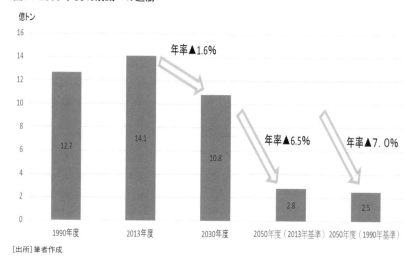

[出所] 筆者作成

第 9 章　長期戦略と長期削減目標

点に作り上げねばならなかった。2030 年目標が日本の置かれた状況下で、いかに野心的かは第 8 章で詳しく述べたとおりである。2030 年については、足元の状況の激変を踏まえ、ぎりぎりのところで数字を作りながら、2050 年については何事もなかったかのように 80％を維持すると、2030 年以降年率 6.5〜7％という英国、ドイツの 2 倍近いスピードでの削減を強いられることになってしまうのである。各国の置かれた状況の違いを無視して 80％という数字にこだわることには、こうした観点からも大きな疑問がある。

　これほどの大幅な排出削減は、どのような施策により可能になるのか。仮に上記の年率 7％の排出削減のすべてを、地球温暖化対策税の大型炭素税化によって実現すると想定し、日本が地球温暖化対策税を導入した際の検討を前提に試算してみよう。地球温暖化対策税は当初、289 円/t-CO_2 として設定され、環境省の分析では、その価格効果による削減量は 0.2％（176 万トン）と見込まれていた。この炭素税の価格効果を同率と仮定した場合、年率 7％削減を大型炭素税によって実現するためには、2030 年から毎年 10,000 円/t-CO_2 以上税率を増加させ、2050 年には 202,589 円/t-CO_2 にしなければならない。地球温暖化対策税がトン当たり 20 万円を超えることになれば、家計への影響は甚大なものとなる。エネルギー消費量が現在と同じであれば、ガソリンや灯油、電気（電気料金への影響は電源構成によって異なることには留意が必要）、ガスなどすべて合わせると、年間の世帯当たりの負担は 815,324 円（月額 67,944 円）にもなる。省エネによるエネルギー消費量減少が期待されるという反論もあろうが、税率アップによる限界的な削減効果は低下していくことが見込まれるので、実際の負担はこれより大きくなることも想定しなければならない。また、こうした高額な税負担はいわゆるカーボンリーケージを招き、家計のみならず、産業部門・雇用への影響も非常に大きくなろう。

　エネルギー需要面だけではなく、供給面のコストも大きい。気候変動長期戦略懇談会のビジョンでは、2050 年時点で発電電力量の 9 割以上が低

炭素電源とされている。原子力については、原子力発電所の再稼働や運転期間延長が順調に進んだとしても、新増設がない限り、2050年時点で稼働可能なものは23基となる。80％シナリオでは、2050年の発電電力量は2030年目標レベルの10,650億kWhとほぼ同じレベルが想定されているが、そうなれば原子力発電所のシェアは最大でも15％前後となる。この場合残りの75％以上は再生可能エネルギー、あるいはCCS付の火力で賄わねばならない。仮に75％をすべて再生可能エネルギーで賄うとしてみよう。再生可能エネルギーのシェアを2030年時点で22〜24％にするためには、全量固定価格買取制度の費用が現状の0.5兆円から2030年には3.7兆〜4.0兆円に膨らみ、系統安定費用も0.1兆かかると想定されていた。それが75％に拡大すれば、買取費用、系統安定費用は単純計算で3倍に膨らみ、それによる化石燃料輸入コスト節減効果を差し引いても国民負担増は大きく拡大する。2030年目標策定の際に行われた感度分析を用いて原子力のシェアが20〜22％から15％に低下し、56％（LNG27％、石炭26％、石油3％）を占めていた火力を10％に圧縮し、すべて再生可能エネルギーで代替したとすると、追加コストは7.6兆〜8.1兆円にのぼる。

そもそも日本の温室効果ガス削減の限界削減費用は、諸外国に比して高い。既に述べたように地球環境産業技術研究機構（RITE）は、26％目標

図8：エネルギーミックスの構成を変えた場合の感度分析

	石炭▲1％	LNG▲1％	原子力▲1％	再エネ▲1％
石炭＋1％		＋4.4百万t-CO2 ▲640億円	＋8.4百万t-CO2 ＋340億円	＋8.4百万t-CO2 ▲1,840億円
LNG＋1％	▲4.4百万t-CO2 ＋640億円		＋4.0百万t-CO2 ＋980億円	＋4.0百万t-CO2 ▲1,200億円
原子力＋1％	▲8.4百万t-CO2 ▲340億円	▲4.0百万t-CO2 ▲980億円		±0百万t-CO2 ▲2,180億円
再エネ＋1％	▲8.4百万t-CO2 ＋1,840億円	▲4.0百万t-CO2 ＋1,200億円	±0百万t-CO2 ＋2,180億円	

※各数値はいずれも概数。

[出所]経済産業省

の限界削減費用は 378 ドル /t-CO_2 と推計しているが、2050 年度に 2005 年度比で 80％削減するとなると、限界削減費用は更に 3500 ドル /t-CO_2 に上昇するという。

　このようなエネルギーコスト負担を負った場合、日本の経済成長は、どのように確保されるのであろうか。驚くべきことに、懇談会の提言は当然生じるはずのこの問いに答えを用意していないのである。「2050 年 80％削減の具体的な絵姿」が、エネルギー転換部門、家庭部門、業務部門、運輸部門、産業部門、地域における取り組みなど、種々描かれているのであるが、そのときに日本の GDP が具体的にどれほどになっているのか、記載がないのである。この提言の目的が「温室効果ガスの大幅削減と構造的な経済的・社会的課題の同時解決を目指す」ことにあるのであれば、目標とする 2050 年における経済状況を具体的に示すのが当然であろう。

　政府は、2020 年度ごろには GDP を 600 兆円に引き上げることを目標として掲げている。2020 年以降の具体的な GDP の目標値はないが、エネルギーミックスを策定するときには、年率 1.7％程度での経済成長を前提としているので、2030 年の GDP は 702 兆円程度になるというのが、政府の置く目標・前提であるといえるだろう。2030 年以降は、政府の目標も前提も存在しないが、仮に 2030 年から 2050 年までゼロ成長であったとしても 2050 年 GDP は 702 兆円程度、もし 2030 年以降も年率 2％程度で成長したとすれば、2050 年 GDP は 941 兆円程度になると考えられる。これに対して、GDP 当たりの温室効果ガス排出量（排出原単位）の改善がどれほどのペースで進むかを考えてみる。2013 年の日本の温室効果ガス排出量は 14.1 億トン。26％削減目標を達成するには、森林による吸収分なども加味すると 2030 年に排出できる量は 10.8 億トン程度となる。2013 年の GDP が 530 兆円、2030 年を 702 兆円とすると、GDP 当たり排出量は 2013 年が約 26kg / 万円、2030 年は 15kg / 万円であり、この間の改善率は年率約 3.2％が期待されていることとなる。2030 年から 2050 年においてもこの改善率が維持されるとすれば、2050 年の GDP 当たりの排

出量は約 8kg / 万円となる。これは、現在の GDP 当たり排出量と比較すれば 30％程度にまで削減することを前提としており、これだけでも実現するのは相当困難であることが想定される。

　しかし、80％減を達成しようとすれば、こんなものではまったく足りないのである。80％削減目標の下では、2050 年に排出が許される温室効果ガスの量は約 2.6 億トンである（基準年 1990 年）。2050 年の GDP が 702 兆円であるとすると、GDP 当たり排出量は約 3.5kg/ 万円と年率 7.1％の改善が必要となり、941 兆円程度であるとすれば、約 2.6kg/ 万円、年率 8.4％の改善が必要となる。2030 年まで省エネ、再エネ、原発の再稼働を総動員してようやく 3.2％の改善率なのだから、それを 2 倍以上に引き上げることがいかに大変かは想像に難くない。逆に、GDP 原単位の改善率が 3.2％程度で推移したうえで 2050 年の排出量を 2.5 億トン程度に収めようとすれば、GDP を約 320 兆円と現状から 4 割も縮小しなければならな

図9：2050年80％削減とGDP

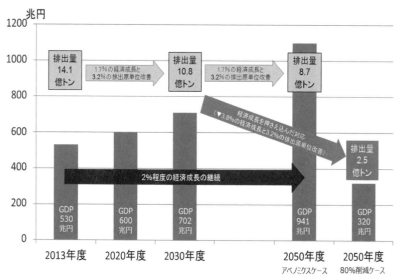

[出所] 筆者作成

144

くなる。これでは、環境と経済が両立した社会とはとてもいえない。

地球温暖化対策を実施すれば経済成長につながるのか

　「地球温暖化対策を経済への制約ととらえることは誤りだ。野心的な地球温暖化対策を講ずれば新たな技術、産業、雇用が生まれ、経済成長にも貢献する」という議論がある。例えば、長期戦略懇談会ではOECD諸国のGDP当たり排出量の削減率とGDP成長率の関係をプロットし、GDP成長率の高い国の削減率が高いことをもって「温室効果ガス削減活動が経済成長に貢献している」と論じているが、これは因果関係を取り違えた議論である。GDP成長率が高くなればGDP当たり排出量が改善傾向になるのは当たり前の話である。

　そもそも「地球温暖化対策を実施すればするほど経済成長につながる」ならば、国連気候変動交渉があれほど紛糾するわけはない。ユーロ危機の真っ只中で、欧州各国は競って地球温暖化対策を強化することで不況からの脱出を図ったはずだが、現実はそうなっていない。オバマ政権のグリーンニューディールが失敗に終わったことも記憶に新しい。グリーン成長論は耳に心地よいが、そもそも潜在成長率を超える持続的な成長は不可能であることを忘れてはならない。温室効果ガスを削減しつつ、潜在成長率を上げるためには、エネルギー効率の改善と低炭素エネルギーのコストの低下が必要となる。仮に10年後の2035年にゼロ排出エネルギー供給を低コストで実現するような革新的技術が実用化されたとしても、既存インフラのサンクコストや耐用年数を考えれば、2050年までの残り25年でそれを全面的に普及させることは非現実的であろう。だとすれば、経済規模が縮小しなければ80％削減が実現できないことになってしまう。地球温暖化防止と経済成長の両立に知恵を絞らねばならないことは論を俟たないが、「高い目標を掲げれば経済成長が進む」といったナイーブな議論では問題は解決しない。

80％目標は中期目標の議論にも影響

「2050 年目標は今から 35 年後だ。先の話なのだから、高い目標を掲げて努力すればよいではないか」という議論もあるだろう。しかし、日本のような生真面目な国にとって、2050 年目標は単に 30 年以上先の遠い目標ではない。仮に 2050 年 80％削減といった目標を設定すれば、2050 年と現在とを直線で結び、2040 年 X％減、2030 年 Y％減といったバックキャスティングが必ず行われることになろう。現に懇談会報告書自体がそれを主張している。2030 年に 2013 年比 26％減という日本の中期目標を設定した際も、それが日本の置かれたエネルギー状況を考えれば十分過ぎるほどハードルの高いものであったにもかかわらず、国内外の環境シンクタンクや環境 NGO から野心のレベルを批判された。その根拠のひとつが環境基本計画に示された 2050 年 80％目標へのトラックに乗っていないというものだった。この議論は、長期の大幅削減のためには現在の技術体系の下では解決が困難であり、イノベーションによる非連続的な削減が必要であるという点を無視したものであり、そもそも妥当性を欠いている。しかし、「実現性はともかく、長期の話なのだから」とばかり高めの長期目標を設定すれば、実現可能性を厳しく問うべき足元の中期目標の議論にも波及してくることをよく示す実例ともいえる。だからこそ、長期目標の設定については、十分な議論とフィージビリティの検討が必要なのである。

長期戦略イコール長期削減目標ではない

地球温暖化問題は、人類の直面する課題であり、長期的な温室効果ガス削減に戦略的に取り組まねばならない。したがって、パリ協定のなかで長期低排出発展戦略の策定が慫慂されているのは正しい方向性である。しかし、長期戦略の策定イコール長期削減目標の設定ではない。パリ協定及び関連 COP 決定でも、その内容、スコープを特定していない。各国の

NDC が国情に照らして策定される以上、長期戦略についても同様のアプローチが取られることになる。温室効果ガス排出量は GDP、人口、エネルギー価格、産業構造、技術の発展など、実にさまざまな外的要因の影響を受ける。特に 2050 年のような長期のスパンを考えれば、不確定要素がなおさら大きい。そのようななかで、さまざまな要因の複合的結果としての総量排出目標に焦点を当てることに、どの程度の合理性があるのだろうか。

　地球温暖化対策計画には、2050 年 80％削減を目指すに当たって「すべての主要国が参加する公平かつ実効性ある国際枠組み」「主要排出国による、その能力に応じた排出削減への取り組み」「地球温暖化対策と経済成長の両立」を前提条件としており、「このような大幅な削減は、従来の取組の延長では実現が困難であり、抜本的排出削減を可能とする革新的技術の開発・普及などイノベーションによる解決を最大限に追求するとともに、国内投資を促し、国際競争力を高め、国民に広く知恵を求めつつ、長期的、戦略的な取組のなかで大幅な排出削減を目指し、また、世界全体での削減にも貢献していく」と明記されている。

　先に述べたように、数値目標は、その置かれた位置づけが忘れ去られ、いつの間にか数字だけが一人歩きすることが多い。しかし、80％という数字は、経済成長と両立が前提であり、それを達成するためには、革新的技術開発、国内投資の確保、国際競争力の確保が不可欠であるというコンテクストのなかに位置づけられていることを忘れてはならない。重要なことは、目標数値そのものではない。それを可能にするような条件を整備することなのである。現在の排出パスの形状を大きく変えるためには、現在の技術体系では不可能である。したがって、長期の大幅削減には、革新的技術開発が最重要となる。しかし、革新的技術開発が実用化されるまでのブリッジも必要である。そのためには、省エネや再生可能エネルギーと並んで、原子力の役割を避けては通れない。

第10章

地球温暖化防止に取り組むならば原子力から目をそらすな

地球温暖化防止と原子力

　地球温暖化防止における原子力の役割は、客観的には明らかである。発電時のみならず、建設からプラントの廃棄にいたるライフサイクルベースで見れば、原子力の kWh 当たり CO_2 排出量は 15g/kWh と、他の電源に比して最も低く、石炭火力発電所の 100 分の 1 程度である。今日、世界全体の非化石電源（原子力、水力、その他の再生可能エネルギー）からの発電量に占める原子力のシェアは34％と水力の51％に次いで大きな貢献をしている。2012 年時点で原子力によって回避された CO_2 排出量は 17 億トンにのぼり、その時点での世界の発電部門の CO_2 排出量の13％に当たる。また、1971 年から 2012 年までの累積で計算すると原子力による CO_2 排出削減量は 560 億トンにのぼる。

　IEA の 2014 年世界エネルギー見通しの中心シナリオである新政策シナリオでは、世界全体の原子力発電の設備容量は 2013 年時点の 392GW から 2040 年には 624GW に拡大すると想定されている。2040 年時点での非化石電源からの発電量に占める原子力のシェアは、風力、太陽光などの導入拡大により 25％に低下するものの、引き続きその貢献度は非常に大きい。なお、新政策シナリオにおける日本の原子力導入量は、福島第一原子力発電所事故以後の廃炉を計算に入れ、2013 年時点の 44GW から 2040 年には 33GW に低下すると見込まれている。

　IEA は、原子力の導入が進まない低原子力シナリオ（2040 年時点の導入量が 366GW）、想定以上に進む高原子力シナリオ（2040 年時点の導入量が 767GW）を設定し、エネルギー安全保障や温室効果ガス削減に対する影響を比較分析している。低原子力シナリオの場合、2040 年時点の世界の CO_2 排出量は新政策シナリオに比して 8 億トン増大するが、特に原子力導入量ゼロと想定された日本の場合、新政策シナリオに比して 1.3 億トン、14％も増大させることになる。

　新政策シナリオの下では、世界の産業革命以降の温度上昇が 3.6℃と 2

℃目標を大きく上回るため、IEA は、2℃目標達成のために必要な世界のエネルギーミックスの絵姿として 450ppm シナリオを提示している。注目すべきは、450ppm シナリオの下では世界全体で 862GW、日本で 43GW と、高原子力シナリオよりも更に大きな原子力導入が必要だとされていることである。世界の脱炭素化を行うためには、省エネルギー、再生可能エネルギーの導入拡大、CCS と並んで、原子力にも大きな役割が期待されていることは明らかである。

「ガイア理論」のジェームズ・ラブロック博士は、「化石燃料を風力や太陽光に置き換えるのは、馬鹿げた考えだ。40 年後、50 年後といった先の話ではなく、10 年後を考えると化石燃料に替わるエネルギー技術をマスターしていなければ、未熟な再生可能エネルギー技術で社会活動を支えることになりかねない。未熟な技術で無理に温室効果ガス削減をすれば、かなりの混乱と不快な状況が起きるし、非常に非効率だ。自分は原子力を強く支持する」と断言している。

地球温暖化交渉と原子力

このように地球温暖化防止における原子力の役割は明白であるにもかかわらず、地球温暖化交渉の世界において原子力は継子扱いを受けてきた。筆者は 2000 年代初め、京都議定書に基づくクリーン開発メカニズム（CDM：Clean Development Mechanism）、共同実施（JI：Joint Implementation）などの詳細ルールの交渉に関与したが、海外における原子力プロジェクトの実施に削減される温室効果ガス排出量を CDM、JI の対象から排除するという議論と戦わねばならなかった。気候変動枠組条約の目的は温室効果ガスの削減なのだから、その目的に合致する技術を排除するというのは、どう考えても理屈に合わない。しかし、欧州諸国の交渉ポジションに大きな影響を与える環境 NGO のなかには、グリーンピースのように地球温暖化問題が顕在化する前から反原発活動を行っていたものも多

い。加えて当時のフランス、ドイツの環境大臣は、反原発の緑の党出身であった。電力の8割近くを原子力に依存するフランスの環境大臣が「自分はこれまでの人生で原子力と闘ってきた。原子力を認めるべきではない」と主張する構図は異様ですらあった。それ以外にも島嶼国のように強固に反原発を標榜する国も存在する。こうしたなかで京都メカニズムの実施ルールを定めるマラケシュ・アコードでは、「原子力プロジェクトから発生したクレジットを取得することを差し控える（refrain from）」という不合理な決着になってしまった。そのあとの交渉のなかでCDMの改善を議論する機会が何度もあったが、原子力の取り扱いについては膠着状態のままであった。国連交渉では、全員一致でなければ物事が前に進まない。反原発色の強いNGOや反原発国の存在を考慮すれば、国連交渉において原子力の役割をポジティブに位置づけることは事実上不可能であろう。また、温室効果ガスをどのように削減するかは、各国が国情に合わせて自分で決めるというのがパリ協定のエッセンスでもある。原子力の位置づけは、国際交渉で決める話はなく、各国の国内問題であるといえよう。

地球温暖化防止に真剣ならば原子力発電所の新増設が必要

　日本における原子力の位置づけについては、福島第一原子力発電所事故以降、長らく冷静な議論ができない環境が続いてきた。現政権の下で2014年4月に策定されたエネルギー基本計画では、「安全性の確保を大前提に、エネルギー需給構造の安定性に寄与する重要なベースロード電源と位置付ける」「原子力規制委員会によって新規性基準に適合すると認められた原子力発電所は再稼働を進めていく」とされ、一定の前進をみた。しかし、一方で、「原発依存度については、省エネ、再生可能エネルギーの導入や火力発電所の効率化などにより、可能な限り低減させる」ともされており、どの程度の時間軸でどこまで依存度を低減させていくかは不透明なままである。ましてエネルギー基本計画では原子力発電所のリプレース、

第 10 章　地球温暖化防止に取り組むならば原子力から目をそらすな

図10：原子力発電所の設備容量の推移（40年／60年運転ケース）

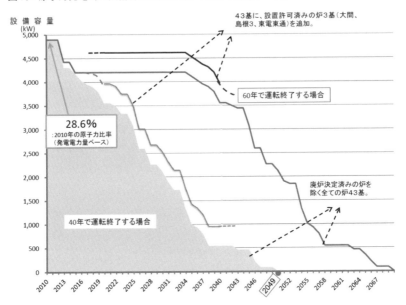

[出所]経済産業省

新増設については何も触れられていない。それどころか、「現時点で原子力発電所の新増設は想定していない」というのが政府の公式ポジションである。

　2030 年目標の基礎となるエネルギーミックスでは、原子力発電所の再稼働と運転期間の延長を念頭に 20 〜 22%という比率が示された。しかし、中期目標は 5 年ごとに改定することになっている。2030 年を超えて更なる削減を目指すのであれば、停止中の原子力発電所の再稼働、運転期間の延長だけでは本質的な問題解決にならない。現存するすべての原子炉が 40 年で運転終了するとすれば、2028 年には設備容量が現在の半分、2036 年に現在の 2 割を切り、2049 年にはゼロになる。20 年の運転延長が認められるとしても 2048 年には設備容量が現在の半分、2056 年には 2 割を切り、2069 年にはゼロになる。地球温暖化問題への取り組みは 2050 年以降

も続くなかで、このまま放置していては重要な非化石電源がいずれフェーズアウトしてしまうのである。

「再生可能エネルギーのコストは、これから大幅に低下する。間欠性の問題もバッテリー技術の進歩により解決する。原子力がなくても何も問題ない」という論者もいるであろう。しかし、それは余りに能天気というものである。日本国内では、ドイツやスイスの脱原発の報道ばかりが目立つが、世界全体では原子力発電所は増加傾向にある。中国、インドのみならず、各地で新増設が予定されている。そうしたなかで注目されるのは、スウェーデンの動きである。スウェーデンは、1980年に2010年までに原子力発電所を全廃するとの決定を行ったが、脱原発による電気料金上昇とCO_2排出量の増加を考慮し、1998年に方針を転換し、2010年以降の原子力発電所利用を認めることとした。しかし、同時に2040年までに原子力発電所をフェーズアウトし、電力供給を100%再生可能エネルギーにするとの目標を立て、原子力発電所に課税をして税収を再生可能エネルギー支援に充当する政策を採用した。それが2016年6月には再度、政策を変更し、既存原子力発電所10基のリプレースを認め、原子力発電所への課税も廃止したのである。その背景には、再生可能エネルギーのみを一点買いしていたのでは電力料金の安定と低炭素化が覚束ないという現実的な判断がある。

日本がパリ協定の精神に則り、長期にわたって大幅な温室効果ガス削減を目指すのであれば、空虚な目標数値を弄ぶのではなく、それを可能にする重要な手段のひとつである原子力発電所のリプレース、新設に逃げずに正面から向き合うべきではないか。先のことだからと野心的な目標だけを設定し、その実現手段を確保しないのは責任ある対応とはいえない。

更にエネルギー安全保障上の課題も深刻である。原子力発電所の全停止により、日本のエネルギー自給率はOECD諸国中、ルクセンブルクに次いで低い水準となり、化石燃料輸入依存度は第1次石油危機を上回る88％に達している。原子力発電所の全停止による火力発電焚き増し費用は累

計 14 兆円を超え、電気料金は家庭用で 20%、産業用で 30% 上昇した。原子力発電所が再稼働することにより、この状況が緩和されたとしても、リプレース・新設がなければ逆戻りである。今後の国際エネルギー情勢がどうなるのか、現在低迷している原油価格はいつ反転し、どこまで上昇するのか、シェール革命はいつまで続くのか、中東情勢は大丈夫なのか、日本が直面するエネルギー安全保障面の不確定要素は余りにも多い。日本のように国内に資源を有さない国は、あらゆる事態に対応できるよう、原子力オプションをしっかりと持っておくべきなのである。

　幸い、日本には原子力技術の分厚い蓄積が健在である。しかし、原子力技術を維持・発展させていくためには海外での受注のみならず、国内におけるリプレース、新設が不可欠である。安全性を確保しながら原子力オプションを保持するならば、ひたすら古い原子炉の運転期間を延長するよりも、最新鋭で安全性にも優れた原子炉にリプレースすることがはるかに合理的ではないか。国内のリプレース、新設が進まなければ、日本の原子力人材は次第に先細っていくだろう。その一方で、すさまじい勢いで原子力発電所の新設を進めている中国が世界の原子力発電所市場を席巻することになる。将来、日本が原子力発電所の必要性に目覚めたとしても、中国に依存せざるを得なくなるかもしれない。そんな状況は、国家安全保障の観点からも甘受できない。

原子力を取り巻くボトルネック

　しかし、足元を見ると、日本の原子力は何重ものボトルネックに取り巻かれている。

　第一に世論調査に示される、いわゆる「民意」が依然として原子力にネガティブであることである。東日本大震災後 5 年が経過した 2016 年 3 月の日本経済新聞の世論調査によれば、原子力の再稼働を進めることに賛成が 26%、反対が 60% となっている。同時期に行われた朝日新聞、毎日新

聞などの世論調査も同じような傾向を示している。「原子力の再稼働が不要」という回答の一部にはイデオロギー的な反原発もあろうが、多くは、「原子力がなくても電気は足りている。それならば事故の不安のある原子力の再稼働は不要ではないか」というものであろう。そこには、原子力の穴を埋めるため、化石燃料輸入が拡大し、エネルギー自給率が低下していること、国富が海外流出していること、温室効果ガス排出も増大していることなどへの視点がすっぽりと抜け落ちている。世論調査の設問は、「原子力再稼働に賛成ですか、反対ですか」という単純なものであるため、回答も原子力への好き嫌いを反映したものになりやすい。朝日新聞、毎日新聞、東京新聞は、明確な反原発の社論を前面に打ち出しており、世論への影響拡大を図っている。加えて反原発を主張する人々、団体の声は大きく、ひたすら不安を煽るような情報がインターネットその他の媒体で拡散される。この構図は一朝一夕に変わりそうにない。

　第二に原子力に対する政権の強い政治的意思が見えてこないことである。「安全性の確認された原子力発電所の再稼働を進める」というのがエネルギー基本計画にも明記された現政権のポジションではある。しかし、反原発を標榜する政党、団体が、あらゆる局面で原子力を争点化しようとしているのに対し、政権側はこれを回避しようとしているように思えてならない。世論調査で慎重な意見が多く、内閣支持率にも影響を及ぼしかねない案件を推進するには強い政治的意思と政治資源を必要とする。安保法制の場合、世論調査では慎重な意見が多く、野党や一部のマスコミは「戦争法案」と呼んで全面対決の姿勢を打ち出したが、現政権は、日本の置かれた安全保障環境の変化を背景に、それに正面から対峙し、ぶれることなく法案を成立させた。しかし、原子力に関して同程度の政治的資源を投入しているようには見えない。停電が生じているわけでもなく、原油価格の低下傾向により、電力料金値上げなどの痛みが見えにくくなっていることも、政治アジェンダのなかでの原子力のプライオリティを後回しにしている一因であろう。

第 10 章　地球温暖化防止に取り組むならば原子力から目をそらすな

　第三に関係省庁においても「腫れ物に触るような」対応が目立つことである。2016 年 5 月に環境省は、26％目標達成のための国内対策を列挙した地球温暖化対策推進計画をとりまとめたが、電力分野については、火力発電の高効率化、再生可能エネルギーの最大限などに多くのスペースが割かれているにもかかわらず、原子力についての記述はわずか数行である。環境省が地球温暖化対策の責任官庁であるならば、26％目標達成のカギを握る原子力の重要性をもっと強調すべきではなかったか。「原子力規制庁を傘下においているから、原子力についての発言をしにくい」という議論があるが、「26％目標達成のためには、原子力発電所の着実な再稼働と運転期間の延長が不可欠である」という明白な事実を強調することと、原子力規制庁において厳格に安全審査を進めることは完全に両立する。先にも述べたように石炭火力の新設について物言いをつけるならば、原子力発電所の再稼働の重要性についてもきちんと発言すべきだと思う。経済産業省が 2016 年 5 月に打ち出したエネルギー革新戦略では、エネルギーシステム改革とエネルギーミックスの実現を通じてエネルギー投資の拡大、政府が掲げる GDP600 兆円への貢献、CO_2 排出抑制を目指すものである。電力分野では、省エネ法を通じた発電効率向上、高度化法に基づく非化石電源比率の引き上げにより、二酸化炭素排出係数 0.37kg-CO_2/kWh を目指す電気事業者の自主目標達成を促すとされている。しかし、革新戦略には、原子力についての記述がまったく出てこない。経済産業省が自主的な安全性向上、防災対策の強化、使用済み燃料の再処理、最終処分場の選定、原子力損害賠償の見直しなど、原子力社会政策に取り組んでいるのは事実である。しかし、エネルギーミックスの実現を目的とするエネルギー革新戦略において、決定的な役割を果たす原子力について一言も言及がないというのは不自然ではないだろうか。

　第四に原子力をめぐる政策環境の激変である。電力システム改革により、これまで原子力発電所の建設を可能としてきた事業・政策環境が大きく変わってしまっている。原子力事業には他の電源と比較にならない規模の初

期投資が必要となるが、初期投資の回収を可能にしてきた総括原価方式や地域独占が電力システム改革によって廃止され、資金調達コストが大幅に上昇してしまう。更に発送電分離により、安定的なキャッシュフローを生む送電部門が切り離されれば、巨額で回収に長期間かかる原子力への新規投資はますます忌避されることになる。核燃料サイクル政策も第4次エネルギー基本計画で引き続き推進するとの方向性は出されたものの、バックエンド事業の遅れなど、足踏み状態が続いている。

　第五に原子力規制委員会、原子力規制庁による規制環境の問題である。原子力規制当局の本来の役割は、規制基準を策定し、原子力発電所が基準に適合しているかを審査・検査することであり、これらを通じて安全に原子力発電所を稼働させることである。しかし、現在の規制委員会、規制庁の実態を見ているとそうした本来の姿からは程遠い。「リスクゼロ」を求める世論に過剰に反応し、規制基準への適合性という再稼働の必要条件を審査するという本来の機能を超え、必要十分条件を示さなければならないというマインドセットになっている。海外の規制当局が普通に行っている電気事業者との意思疎通も「独立性」の名の下に自ら遮断し、十分な知見の蓄積もできていない。事業者が多大なコストを負担して新規制基準に基づく追加投資を行い、再稼働を申請しても、審査は遅々として進んでいない。数万頁に及ぶ資料を提出しても、「納得できない」との理由で差し戻されるといった事態が頻発している。日本原子力発電の敦賀原子力発電所の破砕帯問題では、位置づけの不明確な有識者会合の報告書をめぐって2年の期間を費やし、日本原子力発電側の度重なる問題提起に対しても規制委員会、規制庁はきちんとした回答をしていない。明確な基準に基づく客観的、透明かつ迅速な審査が求められる規制行政としては極めて異常な状態であり、世界の原子力規制のスタンダードから見ても問題ありといわざるを得ない。

　第六にようやく苦心して原子力発電所を再稼働したとしても、訴訟による運転差し止めリスクがあることである。2015年2月に原子力規制委員

会は、関西電力の高浜原子力発電所 3・4 号機について新規制基準への適合を示す審査書を出した。しかし、2014 年に地元住民から提起された再稼働差し止め訴訟を受け、福井地方裁判所（樋口裁判長）は 2015 年 4 月に再稼働を認めない旨の仮処分を出した。関西電力からの異議申し立てを受け、この仮処分決定は 2015 年 12 月に福井地裁（林裁判長）によって取り消された。ようやく 2016 年 1 月に再稼働したものの、今度は隣接の滋賀県住民からの提訴を受け、2016 年 3 月に大津地裁（山本裁判長）が 3・4 号機の運転停止を求める仮処分決定を出し、再び運転停止に追い込まれた。規制委員会が新規制基準に合格すると判断した稼働中の原子力発電所が即刻運転停止に追い込まれた初めてのケースである。高度に技術的な適合性審査の結果を、技術的知見を有さない裁判官が覆したことに、法学者からも多くの批判が寄せられているが、反原発団体は、この結果に意を強くしており、今後、同種の判決を出しそうな地裁を選んで訴訟活動が頻発する可能性もある。

原子力発電所の新増設に必要なのは政治的意思

　これらのボトルネックは、既存原子力発電所の再稼働にとって大きなチャレンジであるが、リプレース、新設のハードルはその比ではない。電力自由化の下で困難化する巨額の初期投資をどう確保するか、原子力事業を誰が担うのか、原子力安全規制をどのように合理化するのか、原子力人材をどう維持・育成するか、核燃料サイクル政策の官民役割分担と費用回収をどうするか、原子力損害賠償における官民リスク分担をどうするか等々、取り組まねばならない課題は目白押しである。

　筆者が尊敬してやまない先輩であり、2016 年 1 月 16 日に志半ばで逝去された澤昭裕氏が最後まで取り組んでいたのが日本における原子力オプションの維持であった。澤氏の絶筆「戦略なき脱原発へ漂流する日本の未来を憂う」では、国内の原子力市場維持に向け、以下のような提言がなされ

ている。原子力を含む電源投資の意思決定は、今後とも事業者が経済性を判断して行うこととするが、原子力運営者には安全性を踏まえたリプレースに取り組む意思、被災者賠償への対応能力、専門人材の確保と彼らを束ねるプロジェクト管理能力などの厳しい資格要件を求める。政府は、CO_2 排出抑制やエネルギー安全保障の観点から、CO_2 排出課税、カーボンフリー電源容量市場の創設などを含む外部不経済解消措置を行い、安全性向上・設備更新を促進するため、事業者のパフォーマンスに応じた経済インセンティブ（原子力損害賠償保険料の差別化、規制庁の審査手数料への反映など）を与え、事業者の事故時賠償対応能力を審査し、一定期間内の基準クリアを求める。これらのハードルについては、複数事業者による共同達成（アライアンス）を認めるとともに、事業者の取り組みを支援するため、事業者、業種横断的な技術基盤維持、設備投資、資金調達面での支援措置を講ずる。更に原子力人材の流動化を念頭に、原子力産業全体を視野に認証、クリアランスや人材養成などの機能を提供する。このように、澤氏の提言は多岐にわたる。

　これらを実現するためには、政治、政府、事業者それぞれが強い覚悟をもって臨まねばならない。何よりもまず、政府による明確な政策目標の設定が必要となる。2017 年に策定される第 5 次エネルギー基本計画のなかで原子力発電所のリプレース、新設に向けた政府としての明確な意思を示せるか否かが分かれ道となろう。それができなければ、日本は澤氏がいう「戦略なき脱原発への漂流」に陥るだろう。既存原子力発電所の再稼働・運転期間への言及にとどまっている第 4 次エネルギー基本計画からリプレース、新設に踏み込むには並々ならぬ政治的意思を必要とする。最大のハードルになるのは世論であろう。原油価格急騰により、電力価格が急上昇でもしない限り、停電も生じていない状況で 2017 年の時点で世論調査の様相が現在から大きく変わることは想定しがたい。

　しかし、新聞の行う世論調査だけが民意ではない。今こそ、産業界が一致団結して声をあげていくべきときではないか。パリ協定の下で趨勢的に

第 10 章　地球温暖化防止に取り組むならば原子力から目をそらすな

炭素制約が高まってくることが確実な一方で、原子力のリプレース、新設というオプションを封じ手にしたままでは、エネルギーコストは間違いなく上昇する。排出量取引などの強制的な手法で産業界の排出を管理しようという議論も高まるだろう。そうなれば産業競争力は蝕まれ、日本経済が疲弊する恐れが大きい。エネルギー安全保障上の脆弱性も高まる。原子力による低廉、安定的な電力供給を確保することは、地球温暖化防止、エネルギー安全保障双方の面で産業界のリスクを軽減することになるのである。原子力に関し、日本経済を支える産業界からのもっと積極的な発信が望まれる。

　同時に、筆者は政治に対し、いたずらに世論に右顧左眄しない国家百年の計に立った経綸を求めたい。

原子力と世論

　第7章で述べたように、EU離脱という英国の国民投票の結果は、世論で国の方向性を決めることの危険な側面を露わにした。経済論理で考えればEU離脱に合理的根拠はない。英国のEU加盟国との貿易は全貿易額の50％を占め、モノ、サービス、人、資本の移動が自由にできるという域内統一市場のメリットが失われることになれば、英国経済にマイナスの影響が出る可能性が極めて高いからである。しかし、筆者が英国在勤中、知己を得たブレア政権当時の欧州担当大臣デニス・マクシェーンは、「国民投票は感情、怒り、失望に左右され、合理的な損得勘定では動かない。タブロイド新聞の記事は、反ブラッセル感情を煽るための誇張に満ちており、国民の意識に強い影響を及ぼしている」と国民投票がEU離脱との結論になってしまうことに強い危機感を示していた。そして、彼の懸念は的中した。

　英国のEU離脱問題には、日本における原子力問題と多くの共通点が見出せる。原子力発電所の再稼働や新増設がエネルギーコストの低減、エネ

ルギー安全保障、地球温暖化防止という点で最も費用対効果の高い方策であることは明らかである。原子力発電所の再稼働や新設に当たって、安全性が前提であることはいうまでもないが、そのために独立機関としての原子力規制委員会が設立され、格段に厳しい新規制基準も導入された。

　しかし、反原発論者は、「各種世論調査で見ても再稼働反対が多数だ。原子力については国民的合意がない」と言い募るだろう。経済面、エネルギー安全保障面、地球温暖化防止面でメリットがあり、専門家による安全性の確認があろうとも、世論調査の数字を前面に出し、「世論が反対している」と言われてしまうと、議論がそこで止まってしまう。経済合理性のないEU離脱が英国の世論調査で根強い支持を獲得していたことを想起させる。

　確かに種々の政策を実施するうえで、世論は重要な考慮要素であり、新聞の世論調査は、そのひとつのバロメーターではある。しかし、外交安全保障政策やエネルギー政策のような国の根幹にかかわる問題を世論調査の結果にしたがって対処してよいものなのだろうか。世論調査は、ある事項について賛成、どちらかといえば賛成、どちらかといえば反対、反対の四択で意見を聞くだけだが、現実には、その事項は多くの政策課題と複雑に関連している。原子力問題も、単に「原子力が好きか嫌いか」「原子力発電所は怖いか」という単純な問題ではなく、日本経済、エネルギー安全保障、地球温暖化防止にも多次元で関わる問題である。

　「世論調査で不十分なら、イタリアやスウェーデンのように原子力発電所の是非を国民投票にかければよい」との反論もあるかもしれない。しかし、国民投票で国策を決めるのであれば、国民の負託を受けた選良がさまざまな問題をさまざまな視点から討議し、方向性を決定するという代議制民主主義などいらなくなってしまう。英国の歴史家アクトンは「国民投票は、決定を審議から切り離し、重要な手段を立法府から国民全体の投票に委ねることであり、代議制原則を覆すものである」と喝破している。しかも、マクシェーンが指摘するように世論調査、国民投票では、しばしば合理的

第 10 章　地球温暖化防止に取り組むならば原子力から目をそらすな

思考ではなく、感情が結果を左右する。彼は、「自分の議論を人々に信じさせるためには、自分自身が自説を強固に信じ込まねばならない。欧州問題について、最も確信に満ちているのは EU 離脱を至高の目的とした人々である。EU 残留派の『EU には、いろいろ問題点はあるが、総合的に考慮すれば EU に残ったほうが得策だ』という議論は人々の心に響かない」と述べている。これを日本に置き換えれば、「原子力問題について、最も確信に満ちているのは、原子力の危険性を理由に脱原発を至高の目的とした人々だ」ということになる。「原子力は、リスクゼロではないが、厳しい安全基準の下で管理されている。日本の置かれた経済・エネルギー情勢や地球温暖化問題を考えれば、原子力オプションは必要だ」と説かれるよりも、「原子力は危険だ。事故があったらおしまいだ。そうした心配をしなくてよいように、脱原発すべきだ」と主張するほうがはるかに単純かつ人々の感情に訴えやすい。しかも英国で、EU、欧州に関するネガティブ情報がメディアに溢れかえっているように、日本の一部メディアやネットの世界では、原子力の危険性を扇動するような情報が溢れかえっている。

　このような状況下で、原子力に関する世論が一朝一夕で変わることは難しいだろう。EU 国民投票を決めてしまった英国と異なり、日本では、原子力を国民投票に委ねる愚は犯していない。しかし、世論調査の結果を気にするあまり、原子力問題を後回しにし続けているのでは、事実上、世論調査が国民投票の役割を担っているようなものである。世論調査がいつの日か、原子力支持になるまで、日本経済、エネルギー安全保障、温室効果ガス排出に決定的な影響を与える原子力問題を放置しておいてよいのだろうか。筆者の答えは「否」である。「原子力には反対」「地球温暖化防止は重要」「エネルギー価格は低いほうがよい」「日本経済は強靱であるべきだ」等々、それぞれのイシューについて個別に世論調査をすれば、こんな答えが返ってくるだろう。これらを同時に満足させることが不可能であっても、世論は結果責任を負わない。他方、世界は確実に脱炭素化の方向に向かう。そうしたなかで応分の貢献をしつつ、経済成長、エネルギー安全保障も確

保するのは、政治、政府の責務である。原子力問題に限らず、安全保障、TPP、消費税、社会保障など長期的な国益と、その時々の世論が乖離するケースは多々ある。そうであっても国家百年の計のために必要な政策を打っていくことこそが、選挙で国民の付託を受けた政治の責任ではないだろうか。「偉大なこと、合理的なことを成し遂げるための第一条件は、世論から独立していることだ」というドイツの哲学者ヘーゲルの言葉もある。今こそ政治に国家百年の計を踏まえた経綸を求めたい。

第11章

長期戦略の中核は革新的技術開発

第 10 章では、長期にわたる温室効果ガス大幅削減を確保するためには、原子力のリプレース、新設というオプションを確保することが不可欠であると述べた。しかし、それは解決策の一部に過ぎない。排出削減パスを屈折させ、大幅削減を達成するためには現在の技術体系では不可能であり、革新的技術開発が必要となる。地球環境産業技術研究機構（RITE）は、2050 年に 2 度目標を達成するために必要な CO_2 排出削減を既存技術のみで達成するとした場合の絵姿を試算している。それによると、世界中で 3600 基を超える CCS 火力、4000 基を超えるバイマス CCS、6 万カ所を超える CCS の圧入井、34 万基の陸上風力、2.9 万基の洋上風力、8.8 億基の太陽光発電、1000 基の原子力発電が必要になるという。仮に世界全体の排出量に占める日本のシェア 2.8％を世界全体で必要な CCS 圧入井 6 万本に乗じると、日本国内で 1700 本近くの圧入井を掘らねばならない計算になる。日本の狭い国土を考えればおよそ実現不可能な数字であろう。事程左様に現在の技術体系の延長線上で大幅削減を語ることには大きな無理がある。だからこそ革新的技術開発が必要になってくる。

　技術革新による長期的な削減というのは、技術立国日本にもっとも相応しい戦略といえる。ダボス会議で知られる世界経済フォーラムが毎年発表している「世界競争力指数」で見ると、日本は 2015 〜 2016 年でスイス、シンガポール、米国、ドイツ、オランダに次ぐ総合競争力第 6 位となっているが、12 ある評価指標のなかで「イノベーション」については、スイス、米国、フィンランド、イスラエルに次ぐ第 5 位、なかでも 100 万人当たりの特許申請件数では世界第 1 位、企業による R&D 支出では世界第 2 位、科学者、技術者のアベイラビリティでは第 3 位を誇る。また、政府によるエネルギー R&D（研究開発）支出の対 GDP 比（2013 年）では、IEA 加盟国のなかでフィンランド、ノルウェー、カナダ、デンマークに次いで高く、OECD 加盟国の政府の R&D 支出全体に占めるエネルギー環境関連 R&D 支出の比率は、約 14％とメキシコに次いで高い。

　いずれも日本が技術を重視している証左であり、これを梃子に更に技術

第11章 長期戦略の中核は革新的技術開発

図11：2度目標達成のために必要な削減対策試算例

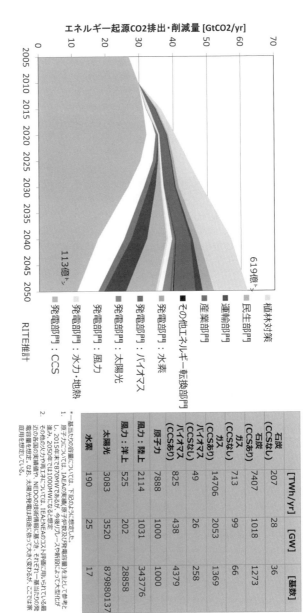

	[TWh/yr]	[GW]	[基数]
石炭（CCSなし）	207	28	36
石炭（CCSあり）	7407	1018	1273
ガス（CCSなし）	713	99	66
ガス（CCSあり）	14706	2053	1369
バイオマス（CCSなし）	49	26	258
バイオマス（CCSあり）	825	438	4379
原子力	7888	1000	1000
風力：陸上	2114	1031	343776
風力：洋上	525	202	28858
太陽光	3083	3520	87988013
水素	190	25	17

1. 基数当たりの容量については、下記のように想定した。原子力については、IAEAの実績値（原子炉数及び発電容量）を主として参考にし、2015年末で870MWであるが、今後リプレースや新設などにより進み、2050年では1000MWになると想定
2. その他の火力や水力については、IEA/NEAのコスト評価に用いられている最近の各国の実績値から、NEDOの技術情報に基づき、それぞれの発電容量を想定。なお、太陽光発電は用途に応じて大きく変わるが、ここでは平均容量を使用している。

[出所] 地球環境産業技術研究機構（RITE）

167

図12：IEA加盟国のエネルギーR&D予算の対GDP比（2013年）

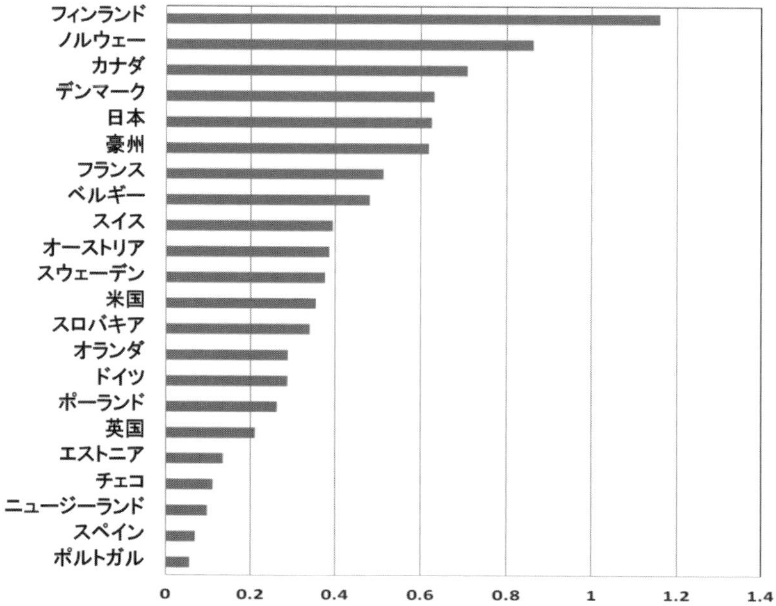

フィンランド	1.16
ノルウェー	0.87
カナダ	0.72
デンマーク	0.65
日本	0.64
豪州	0.62
フランス	0.52
ベルギー	0.47
スイス	0.41
オーストリア	0.39
スウェーデン	0.37
米国	0.35
スロバキア	0.34
オランダ	0.29
ドイツ	0.27
ポーランド	0.26
英国	0.21
エストニア	0.15
チェコ	0.11
ニュージーランド	0.10
スペイン	0.07
ポルトガル	0.05

［出所］国際エネルギー機関（IEA）

での取り組みを強化していくことが必要である。安倍首相がCOP21の初日に途上国支援と並び、気候変動対策と経済成長を両立させるカギとして革新的技術開発の役割を強調し、2016年初めまでにエネルギー・環境イノベーション戦略を取りまとめることを表明したのは、このような決意を示すものだろう。

エネルギー環境イノベーション戦略の策定

2016年5月の地球温暖化対策計画の閣議決定と前後して、エネルギー環境イノベーション戦略が策定された。この戦略の主眼は、2050年を見据え、①これまでの延長線の技術ではなく、非連続的でインパクトの大き

い革新的な技術であること、②大規模導入が可能で、大きな排出削減ポテンシャルが期待できること、③実用化には中長期を要し、産官学の総力を結集することが必要であること、④日本が優位性を発揮し得ることをメルクマールとして有望技術を特定することにある。その結果、以下の技術が有望技術として列挙された。

省エネルギー分野では、分離膜や触媒を使うことにより、高温高圧プロセスを不要とし、50％以上のエネルギー消費効率改善を可能とする革新的な素材技術、自動車重量を半減する複合材料技術、1800℃以上でも安定適用できる耐熱材料技術が選定された。蓄エネルギー分野では、現在の10分の1のコストで7倍以上のエネルギー密度を有し、1回の充電で電気自動車が700km以上の走行できるような次世代蓄電池技術、CO_2を出さずに水素製造、水素発電を可能とするような水素等製造・貯蔵・利用技術が選定された。創エネルギー分野では、発電効率が2倍で基幹電源並みのコスト（7円/kWh）の次世代太陽光発電技術、人工的に地熱貯留層を造成し、地下に熱水資源がなくても地熱発電所を建設可能にする高温岩体発電技術、地下の高温・高圧の未利用資源を活用した超臨界地熱発電技術などが選定された。CO_2の固定化・有効利用分野では、CO_2の分離・回収エネルギーを半減する技術、CO_2を原料に化学品や炭化水素燃料の原料への転換・利用を図る技術が選定された。更に分野横断的な技術として、AI（人工知能）、ビッグデータ、IoT（モノのインターネット化）を活用したエネルギーシステムのネットワーク化・最適化技術、電力変換の損失を50％削減し、小型で制御・通信機能も有する次世代パワーエレクトロニクス技術、無給電で駆動可能な高性能センシング技術などが列挙された。

また、これらの技術の研究開発体制を強化するため、エネルギー環境イノベーション戦略では、政府一体となった研究開発体制、新たなシーズの発掘、産業界の研究開発投資の誘発、国際連携、国際共同開発の推進などが掲げられた。

イノベーション環境の整備

　リスクの高い革新的技術開発を進めるためには、政府によるR&D支出の役割は大きい。しかし、現実には、IEA加盟国のエネルギーR&D支出額は1979年をピークに年々減少を続け、2000年にはほぼ半減してしまった。そのあと再び拡大傾向にあるが、かつてのピークには戻っていない状況である。また、世界全体のR&D支出に占めるエネルギー分野のシェアは、1980年代の11%から4%程度に低下している。このことは1970年代の二度にわたる石油危機に対する危機感がいかに強かったかを示すと同時に、地球温暖化防止に対する現在の危機感がまだ足りないことの証左でもある。石油危機の頃は、地球温暖化問題が認知されておらず、石油依存度を下げるために石炭の役割が強調されていた。それに比して地球温暖化防止、経済成長、エネルギー安全保障を両立させねばならない現代の我々の課題は、はるかに複雑で難しい。そのためには、石油危機当時以上に技術開発を強化しなければならないはずである。

　COP21で先進国、新興国20カ国で発足したミッション・イノベーションにおいて、参加国政府のクリーン・エネルギー分野の研究開発投資を5年間で倍増させるという方針を打ち出したのはこうした背景に基づくものである。日本は、2016年6月に開催されたミッション・イノベーション閣僚会合で、2016年度を基準年とし、エネルギー環境イノベーション戦略の重点分野を中心にクリーン・エネルギー分野の研究開発予算額を450億円から2021年までに900億円に倍増させるとの目標を打ち出した。

　しかし、イノベーションは、政府が戦略を立て、R&D支出をすれば済むというものではない。政府のイニシアティブや補助金は、あくまでも補助的なものであり、永続的なものではない。本来的には、民間企業が自社でリスクを取り研究開発に取り組むことが必要である。日本は、科学技術力を有する製造業が集積する数少ない国のひとつであり、今後の地球温暖化対策に決定的な影響を与える革新的技術を生み出すポテンシャルを有し

図13：IEA諸国のエネルギーR&D予算の推移

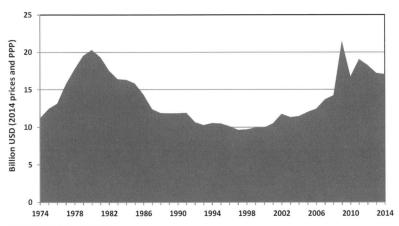

[出所] 国際エネルギー機関（IEA）

図14：ミッション・イノベーション参加国が今後5年間で倍増するR&D予算の基準額

国名		基準額（100万ドル）
G7	米国	6415
	ドイツ	506
	フランス	494
	日本	410
	カナダ	295
	英国	290
	イタリア	250
中国		3800
EC		1111
韓国		490

国名	基準額（100万ドル）
ブラジル	150
ノルウェー	140
豪州	78
サウジアラビア	75
インド	72
デンマーク	45
メキシコ	21
インドネシア	17
スウェーデン	17
UAE	10
チリ	4

[出所] 経済産業省

ている。そのためには、マクロ経済環境が良好に保たれ、企業収益が確保されているということが何よりも重要である。マクロ経済環境、企業収益が悪化すれば、民間企業のR&D支出もリスクの高い革新技術ではなく、

回収期間の短い既存技術の改善に集中することになる。高コストの地球温暖化対策を講じ、日本の製造業の競争力が阻害され、マクロ経済に悪影響をもたらした場合、仮に短期的に温室効果ガスの削減が実現したとしても、長期の大幅削減に必要な技術開発をかえって阻害することになりかねない。「短期の温室効果ガス削減にこだわる結果、長期の大幅削減が阻害される」というのは逆説的だが、今後の地球温暖化対策を考える際に厳に回避しなければならないことである。

選択と集中だけで十分か

　また、革新的技術開発を考える場合、「選択と集中」だけでは足りない。エネルギー環境イノベーション戦略は、日本が強みを有する有望分野を特定した。今後、政府のR&D予算の配分においても、これらの分野が優先されることになるだろう。しかし、1.5～2℃安定化をもたらすような膨大な排出削減を、どの技術がどれほど費用対効果の高い形で実現できるのか、現代に生きる我々が確たる答えを有しているわけではない。例えば、我々は34年後の2050年の長期戦略を議論しているが、34年前の1982年時点でICT（情報通信技術）が現代社会にもたらしている変化を誰が予想したであろうか。今日の科学的知見に基づき、重点分野を特定したとしても、それが正しいという保証はなく、「政府の失敗」の可能性も十分にある。

　クリーン・エネルギー技術は突然、天から降ってくるものではない。イノベーションが既存の技術の組み合わせによって生ずるものであり、さまざまな分野で蓄積された技術進歩が組み合わさることによって更に加速するとの欧米の研究成果もある。電力中央研究所・社会経済研究所上席研究員の杉山大志氏は、人工知能技術、ウェブ上のビッグデータ、画像処理ユニット技術という3つの既存技術の組み合わせによってディープラーニングが実現しており、これがエネルギー負荷機器制御技術に活用される可能

性を示唆している。これは、地球温暖化対策を直接の目的としていなかった人工知能などの技術進歩が革新的な地球温暖化対策技術に活用されていくプロセスの格好の事例であろう。また、OECD の分析によれば、また、OECD の分析によれば、2000 ～ 2009 年のクリーン・エネルギー技術の特許申請で引用された技術分野のうち、24.2%が材料科学、18.5%が化学、14.5%が物理学であるのに対し、エネルギー、環境技術分野はそれぞれ10.4%、1.7%であった。このことは、エネルギー環境分野の技術革新を図るためには科学技術全般の前進が必要であることを意味している。このため、特定分野への「選択と集中」と併せ、幅広い分野でものになる可能性のある「シーズ（種）」をすくいとる仕掛けも必要になってくる。

例えば、科学技術振興機構（JST）が 2010 年から開始した先端的低炭素化技術開発（ALCA：Advanced Low Carbon Technology Research and Development Program）は、低炭素化に向けて科学技術パラダイムを大きく転換するようなゲームチェンジング技術の創出を目指すプログラムである。低炭素化に向けた挑戦的課題を比較的多数採択し、5 年程度のステージゲート評価（多数創出されたアイデアを対象に複数のステージに分割し、次のステージに移行する前に評価を行う「ゲート」を設け、評価をパスしたもののみを次のステージに進める手法）で対象を絞り込むこととなる。こうした取り組みを、2050 年を念頭に更に強化する一方、大学や国立研究開発法人における基礎・応用研究の活性化、ベンチャー企業を含む企業の技術の発掘などを通じて新たなシーズを発掘することが重要である。

既存技術への補助と革新的技術開発へのリソースバランス

国全体としてのリソースに限りがあるなかで、「選択と集中」と「新たなシーズの発掘」を両方追求することは容易ではない。特に革新的技術開発に投入されるリソースと、既存技術の普及・拡大に投入されるリソース

との間にトレードオフが生ずる可能性がある。日本では、全量固定価格買取制度（FIT）に国民負担を原資とした資金を集中投下しており、2015年度には、FITにより1.3兆円もの間接補助金が賦課金の形で支払われた。他方、経済産業省、環境省、農林水産省、文部科学省、国土交通省、総務省の2015年度の再生可能エネルギー関連予算2001億円のうち、技術開発に振り向けられているのは607億円のみである。このFITの負担は今後も拡大し、2030年には4兆円近くに膨れ上がる。ミッション・イノベーションに基づき、予算額が倍増するとされるクリーン・エネルギー技術関連予算が倍増後も900億円であることと比較すると、その巨額さがよくわかる。FITは、既存技術の普及に向けた補助制度でしかなく、新技術開発やコスト低減のための技術開発を促進する効果は乏しい。補助金に依存した高コストの再生可能エネルギー普及をいつまでも続けることはできず、まして資金力に乏しい途上国では、このような政策で化石燃料からのエネルギー転換を図ることは不可能である。地球温暖化対策として期待を集める再生可能エネルギー技術が市場において補助金なしで自立的に普及できるようにするためには、FITを通じて既存技術の普及に巨額の資金を費やすよりも、コストと間欠性の問題を克服する技術開発にリソースを投入するほうが有益ではないか。

国際連携の可能性

　革新的技術開発においては、国際協力、国際連携の可能性も追求すべきである。地球温暖化交渉が難航するたびに、いわゆる「有志連合」の可能性が語られてきた。世界全体で合意が成立しないのであれば、志の高い少数国で率先垂範して地球温暖化防止に取り組もうというものである。そのなかで繰り返し取り上げられてきたのが「カーボン・クラブ」の考え方である。具体的には、カーボン・クラブの参加国は、高い排出削減目標を設定し、炭素に価格をつけて野心的な取り組みを行う。しかし、アウトサイ

ダーが同様の行動をとらないと参加国が国際競争上、不利になるため、アウトサイダーからの財・サービスの輸入に炭素関税を課すというものである。しかし、こうした国境調整措置には多くの難点がある。まず地球温暖化防止のために、どの程度の国境措置が認められるか、WTO（世界貿易機関）ルールとの整合性が不明確である。また、炭素関税を課するためには、アウトサイダーからの財・サービスの炭素含有量を計算することが必要だが、投入エネルギー構成、生産プロセスを正確に把握することは技術的に極めて難しい。更に一方的措置として炭素関税を賦課すれば、アウトサイダーからの報復措置を招き、貿易戦争に発展する可能性もある。グローバル化した貿易・投資関係のなかで、かえって措置を発動したほうが返り血を浴びる可能性も十分にある。欧州委員会が中国からの太陽光パネルのダンピング調査に乗り出したところ、中国の報復を恐れたドイツが取り下げ圧力をかけたのは記憶に新しい。このように国境調整措置は経済学的にはあり得ても、その導入は技術的、経済的、政治的に非常に難しい。

　これに対し、技術力を有する有志国が革新的技術開発のための「イノベーション・クラブ」を作るというアイデアがある。非連続的なイノベーションのためには、膨大な政府予算が必要になる。そのコストは不確定要素があり、しかもどの技術が大幅な排出削減に貢献するかについても不確実性があるなかで、各国は、選択と集中をしつつ、新たなシーズも探さねばならない。他方、多くのOECD諸国が厳しい財政制約に直面している。国際協力を通じて各国がその強みに応じて資金を出し合えば、各国の負担を減じつつ、全体として膨大な資金ニーズに対応できる。しかも、参加国の間で共同技術開発の成果を共有でき、国境調整措置のようなアウトサイダーへの罰則的措置が不要であるため、カーボン・クラブに比べると政治的ハードルは低い。

　もちろん、国際連携には課題も多い。次世代蓄電池にせよ次世代太陽光発電にせよ、革新的技術開発の成功は、今後の世界市場の席巻につながる。各国政府、各国企業が競争にしのぎを削っているなかで、自分たちが強み

を有していると思う分野で手の内を晒しながら他国と協力することは容易ではない。「優れた技術を自国で開発したい」という欲求はどの国も同じである。また、共同研究開発に乗り出すとしても資金分担をどうするか、知的財産権の扱いを含め、成果をどう共有するかなど、協力プログラムの設計上の課題もある。

　しかし、そのためのプラットフォームができているのは大きな強みである。ミッション・イノベーションは政府によるR&D予算の倍増と併せ、国際連携の推進を柱として位置づけている。ミッション・イノベーションに参加している国の間でさまざまな分野でさまざまなレベル、さまざまな参加国の緩やかな連携ができることが望ましい。2013年から日本が毎年ホストしているICEF（Innovation for Cool Earth Forum）も、そうした議論を進める有効な場になるだろう。

　国際協力になじむクリーン・エネルギー技術分野としては、どんなものがあるだろうか。各国が現在、重点分野として取り組んでいる次世代蓄電池などではなく、もっと基礎研究、開発段階に近く、リスクの高い分野のほうが、すぐに市場化が見込まれない分、政府間の協力がしやすいかもしれない。核融合の分野で日本、米国、EU、中国、インド、韓国、ロシアの参加の下にITER（国際熱核融合実験炉）が進められているのは、規模が大きいため、一国では対応できず、しかも実用化がまだまだ先だからであろう。同様に現在、各国が追究している技術よりも更に先の技術、例えば、宇宙太陽光発電、人口光合成なども国際共同研究になじむかもしれない。また、革新的技術が最終的には、途上国で大量普及しなければならないことを考えれば、先進国、途上国の協力の下に大規模CCS技術の実証プロジェクトを途上国で実施するというアイデアもあるだろう。成層圏へのエアロゾル注入などの気候工学（ジオエンジニアリング）については、「気候を意図的に操作することは科学的のみならず、倫理的にも問題がある」「副作用があるかもしれない」「緩和努力へのインセンティブを阻害する」などの理由で気候変動関係者の間でタブー視されてきたこともあり、

研究がまだまだ進んでいない。しかし、今後、地球温暖化が予想以上に急激に進行し、生態系や社会経済に大きな悪影響を及ぼす可能性があるならば、気候を制御できるかもしれないいくつかの手法について、その実効性と副作用についての研究は国際協力の下で進めておくべきではないか。ミッション・イノベーションやICEFの場を通じて、国際連携のタマを見つけていくべきである。

日本らしい長期戦略を

　第9章以降、日本の長期戦略について考えてきた。長期戦略において野心的な長期削減目標を掲げるというのは、一見わかりやすいスローガンである。しかし、こうした考え方は、京都議定書時代の削減数値目標至上主義そのものであり、高い総量削減目標さえ掲げれば実態がついてくると考えるのは幻想である。「経済や生活にどれだけコストを払ってでも、温室効果ガスが削減されるならば甘受する」といった地球温暖化防止至上主義に同調する人は、ごく一部であろう。圧倒的多数は、「地球温暖化防止も重要だが、経済や国民生活も重要」と考えているはずである。長期の大幅削減に向けた道筋を可能にするのは、数値目標ではなく、何といっても技術である。まず、省エネや再生可能エネルギーと併せ、大規模非化石電源である原子力技術を維持・発展させ、更に革新的技術を開発していかねばならない。エネルギー環境イノベーション戦略では、有望技術が特定された。今後は、重点技術について2050年に向けた将来ビジョン、ロードマップを策定し、パフォーマンスやコストに関する目標を設定し、不断に見直していくことが求められる。また、イノベーションというものが有する特質を考えれば、特定技術へのリソースの集中投下だけではなく、新たなシーズを見つけたうえで育てるとともに、科学技術全般の振興と、それを支える良好なマクロ経済環境が必要になる。さらに、技術の社会実装を進めるための社会システムやライフスタイルの変革も必要だろう。長期の大

幅削減を可能にするような技術システム、社会システム、ライフスタイルなどの分野で定量的、定性的目標を設定して取り組み、その進捗状況をチェックしながら進んでいくことは、「他国が80％だから日本も80％」といった数字先行のスローガンよりもはるかに技術立国日本らしい真摯なアプローチではないか。

第12章 炭素価格論について考える

COP21後、炭素価格（カーボンプライス）に関する議論が国際的な高まりを見せている。日本においても長期戦略を含め、今後の国内対策を検討するに当たって活発な議論が行われるものと予想される。本章では、炭素価格を考えるうえでのいろいろな論点について整理を試みたい。

炭素価格とは何か

　そもそも炭素価格とは何か。世界銀行は炭素価格の考え方を「人間の活動によって排出された温室効果ガスは、地球温暖化とそれに伴う被害という外部不経済をもたらす。炭素に価格をつけることとすれば、温室効果ガス排出をもたらした『汚染者』に負担をシフトさせることができ、外部不経済が内部化される。炭素に価格をつけることにより、誰が、どこで、どのように排出削減するかを政府が直接規制するのではなく、価格シグナルに基づき、汚染者自身が排出を削減するか、汚染コストを負担しながら排出を続けるかを決定することになる。このため、温室効果ガス削減を柔軟にかつ低コストで達成することが可能になる」と整理している。

明示的炭素価格

　炭素価格の手法としてよく取り上げられるのが排出量取引と炭素税である。排出量取引もしくはキャップ・アンド・トレード制度においては、まず企業もしくは事業所の温室効果ガス排出量にキャップ（上限）をかける。それを下回った事業者・事業所は余剰分を売ることができ、逆に上限を上回った事業者・事業所は不足分を購入することができる。排出枠の需給に応じて取引を行う市場をつくることにより、排出量取引制度は、温室効果ガスに市場価格をつけることになる。これに対し、炭素税は、温室効果ガス排出に一定の税金をかける。排出量取引では、上限を設定することにより対象セクターの排出量を決めるが、炭素価格（排出枠の価格）は需給に

応じて変動する。他方、炭素税では、税率という形で炭素価格が固定されるが、排出量自体を決めるわけではない。排出量取引や炭素税は、炭素排出に直接価格をつけるものであり、しばしば「明示的炭素価格（explicit carbon price）」と呼ばれる。

暗示的炭素価格

しかし、明示的炭素価格以外にも温室効果ガス削減に効果のある施策は数多く存在する。経済的措置のなかには排出量取引、炭素税以外にも、再生可能エネルギー投資に対する直接補助金や税の優遇措置、低利融資制度、全量固定価格買取制度のような間接補助金や、また、ガソリン税などの燃料エネルギー課税が存在する。規制的措置としては、省エネ基準、再生可能エネルギー目標、非化石燃料基準などがある。経済的措置、規制的措置以外では、政府によるグリーン調達活動や省エネラベルなどを含む情報提供、エネルギー環境分野の研究開発投資などがあり、更に産業界の自主行動計画も温室効果ガス削減に効果のある施策である。これらの施策に伴う炭素トン当たりの削減コストも炭素価格と解することができ、「暗示的炭素価格（implicit carbon price）」と呼ばれる。「炭素に価格をつける」とは「炭素削減のコストを負担する」ことと同義であり、「炭素価格」といった場合、よく言及される排出量取引、炭素税のような明示的炭素価格のみならず、上記のような暗示的炭素価格も含め、幅広くとらえることが必要であろう。

ここで注意すべき点は、明示的炭素価格は専ら温室効果ガス削減を目的として導入された施策であるのに対し、暗示的炭素価格を構成する施策は、必ずしも温室効果ガス削減のみを目的として導入されたものとは限らないことである。日本で導入されているエネルギー課税や省エネ規制は、もともと石油危機以降、大きな課題となったエネルギー安全保障を目的としたものであった。しかし、これらの施策は、エネルギーコストを引き上げ、

エネルギー効率に最低基準を設けることにより、エネルギー消費を節減する効果があり、結果的に温室効果ガス削減にも貢献している。地球温暖化防止の観点だけから見れば、温室効果ガスの削減のみを目的とした排出量取引、炭素税がシンプルで最も望ましいのだろうが、各国政府の政策アジェンダは、地球温暖化防止だけではなく、それを踏まえてさまざまな施策が存在する。現実は、それほどシンプルではないということである。

炭素価格の導入状況

　世界銀行のデータによれば、2016年時点で40の中央政府、23の地方政府で炭素価格が導入されている。ここでいう「炭素価格」とは明示的炭素価格、即ち、炭素税もしくは排出量取引を指しており、暗示的炭素価格は含まれていない。1990年から2005年までは北欧諸国における炭素税が中心であり、世界の総排出に占めるカバー率は1%に満たないものであったが、2005年にEUでEU-ETSが導入されたことにより、カバー率が5%近くに拡大した。そのあと、2009年には米国東部9州でRGGI（Regional Greenhouse Gas Initiative）が、2010年にはカリフォルニア排出量取引制度が、2012年には日本で地球温暖化対策税が導入され、カバー率も拡大してきた。2015年には韓国が排出量取引を導入したほか、中国が都市、省レベル（北京、上海、天津、重慶、湖北、広東、深圳）でパイロット的に排出量取引を導入するなど、アジアにも導入が拡大しつつある。現在、炭素税もしくは排出量取引でカバーされた排出量は70億トンと世界全体の排出量の13%を占める。2016年時点の世界の炭素税、排出量取引の価額は500億ドル程度であり、政府に約260億ドルの歳入をもたらすと見積もられている。中国は、2017年に全国レベルの排出量取引を導入するとの方針を打ち出しており、世界銀行は、これが実現すれば世界の排出量の25%が炭素税もしくは排出量取引でカバーされ、その総価額は1000億ドルに倍増すると見通している。

カバー率は拡大傾向にあるが、炭素税のレベルや排出量取引市場の価格は大きな幅がある。炭素税のレベルは137ドル/t-CO_2のスウェーデンの炭素税をトップに、66ドルのフィンランド炭素税、53ドルのノルウェー炭素税、26ドルのデンマーク炭素税、25ドルのフランス炭素税などが続く。日本の地球温暖化対策税は3ドル程度である。排出量取引市場では31ドルの東京ETS、16ドルの韓国ETS、13ドルのカリフォルニアETSなどが続く。市場規模が最も大きいEU-ETSは6ドル程度、都市・州レベルでパイロット的に導入された中国の排出量取引では、北京の6ドルから上海の1ドル未満まで幅がある状況である。

炭素価格に関する国際的議論

炭素価格をめぐる国際的なイニシアティブとしては、これまでもIETA（International Emissions Trading Association）やC4C（Caring for Climate）があった。前者は1999年に発足し、排出量取引や炭素クレジット取引に関与する金融機関、ブローカー、取引所、コンサルタント、排出企業などが参加し、排出量取引制度の国際的拡充や相互リンケージを目指している。後者はパンキムン国連事務総長の提唱を受け、2007年に発足した低炭素化を目指す約450社のビジネスリーダーのイニシアティブであり、２０１４年にはカーボン・ディスクロージャー・プロジェクトなどとともに「カーボンプライシングにおけるビジネスリーダーシップ基準」を策定している。

こうした動きはCOP21を契機に更に拡大傾向にある。2015年5月には、欧州石油・ガス大手6社（BP、BG、Shell、Statoil、ENI、TOTAL）が連名で各国政府、気候変動枠組条約事務局にカーボンプライシング施策の導入を働きかけるレターを出した。COP21初日には、炭素価格への取り組み経験を共有し、最も効果的な炭素価格に関わる制度、政策を拡大することを目的とした官民イニシアティブCPLC（Carbon Pricing Leadership Coalition）が設立された。CPLC には、日本、英国、フランス、ドイツ、カナダを含む 26 の中央、地方政府、110 を超える民間企業が参加し、パネルメンバーには、キム世界銀行総裁、ラガルド IMF（国際通貨基金）専務理事、グリア OECD 事務総長、メルケル独首相、オランド仏大統領などが名を連ねている。

　炭素価格をめぐる国際的な議論の盛り上がりは、EU-ETS を中心に、先行的に排出量取引制度を導入した国や企業が、国際機関、NGO などをパートナーとしつつ、自分たちの枠組みを世界標準にし、先行利益を得るための試みと見ることもできる。排出量取引制度は、炭素制約に伴うコスト負担を強いるものであるため、先行して実施を決めた地域の企業にとっては、自らの国際競争力を維持するため、未実施の他地域においても同様の制度が導入され、海外企業にも炭素制約がかかることを求めるという側面もある。排出量取引の世界的拡大を求めている企業に欧州の企業が多数、名前を連ねているのも偶然ではない。このため、彼らのいう「炭素価格」とは、排出量取引あるいは炭素税といった「明示的炭素価格」を指すことが多い。しかし、民主主義国家においては、炭素税のようにすべての国民に負担を求めるような新税導入への政治的抵抗は強く、ましてそれを国際的に共通化した世界炭素税のようなものは政治的、経済的におよそ不可能である。したがって、彼らの議論は、まず各国がそれぞれ排出量取引を導入し、それらを相互に接続して国際的な排出量取引を行うことを通じ、炭素市場を世界に広めようというものが中心である。

　こうしたイニシアティブに名を連ねている欧米企業は、パリ協定においても炭素価格に関する言及がなされ、追い風になることを強く期待していた。しかし、パリ協定本体には、炭素価格についての言及はなく、関連のCOP 決定パラ 137 のなかで「国内対策や炭素価格などの手法を含め、排出削減活動へのインセンティブ付与の重要性を認識する」という表現にとどまっている。炭素価格の導入や、その対応については、各国の国内対策マターであり、各国の自主性を重んじるパリ協定や関連決定において、特

定の政策の方向性を推奨することは差し控えたと見るべきであろう。また、国連交渉の場には、ボリビアやベネズエラのように「炭素に価格をつけるとか、クレジットを取引するなど、汚染物質を経済取引の対象とすることはけしからん」という考え方の国もいるため、踏み込んだ表現はできなかったという側面もある。

炭素価格に関するこれまでの国内議論

日本において炭素税、環境税や排出量取引を導入すべきという議論は、今に始まったものではない。炭素税を導入すべきという議論は1990年代から存在し、排出量取引についてはEU排出量取引制度（EU-ETS）が発足した2005年頃から「日本もバスに乗り遅れるな」という議論が環境団体を中心に声高に語られるようになってきた。特に米国でオバマ政権が誕生した直後、議会で俎上に載ったワクスマン・マーキー法案は大きな関心を集めた。ワクスマン・マーキー法案は、民主党の下院議員であるワクスマン・エネルギー商業委員長とマーキー・エネルギー環境小委員長が提案した国内排出量取引法案で、米国の全温室効果ガスの84%をカバーし、2005年比で2020年に20%減、2030年に42%減、2050年に83%減を目指すというものであった。同法案は、2009年6月、下院にて僅差で成立し、米国でも排出量取引導入が時間の問題のようにとらえられた（結局、上院での法案審議が挫折し、米国における連邦レベルの排出量取引が導入されることはなかった）。

折しも2009年には、地球温暖化対策税、国内排出量取引、再生可能エネルギーの全量固定価格買取制度の3点セットを掲げる民主党政権が誕生し、これら3つを盛り込んだ地球温暖化対策法案が2010年3月に閣議決定された。同法案については、東日本大震災による状況激変を踏まえ、2012年に廃案となったが、全量固定価格買取制度は2012年7月に、地球温暖化対策税については2012年10月から導入され、2回の引き上げを経

て 2016 年 4 月に 289 円 /t-CO_2 となった。

　他方、国内排出量取引制度については、2010 年 12 月の地球温暖化問題に関する関係閣僚会議において、「地球温暖化対策の柱である一方で、企業経営への行き過ぎた介入、成長産業の投資阻害、マネーゲームの助長といった懸念があり、地球温暖化対策のための税や全量固定価格買取制度の負担に加え、大口の排出者に新たな規制を課すことになる。このため、日本の産業に対する負担や、これに伴う雇用への影響、海外における排出量取引制度の動向とその効果、国内において先行する主な地球温暖化対策（産業界の自主的な取組など）の運用評価、主要国が参加する公平かつ実効性のある国際的な枠組みの成否などを見極め、慎重に検討を行う」こととされ、事実上、検討が凍結されることとなった。そのあと、2012 年の第 4 次環境基本計画、2016 年 5 月の地球温暖化対策計画いずれにおいても「慎重に検討を行う」との位置づけが踏襲され、現在に至っている。

　しかし、パリ協定 4 条 19 項に基づく長期戦略の検討の機会をとらえ、この「凍結状態」を解除しようという動きが始まっている。環境省が作成したパンフレット「パリ協定から始めるアクション 50-80」によれば、政府全体の長期戦略へのインプットとして、2050 年 80％削減を前提に「長期低炭素ビジョン（仮称）」をとりまとめるとしており、中央環境審議会において 2016 年 7 月から具体的検討が開始された。ビジョン策定においては、「環境価値を顕在化・内部化し、財・サービスの価格体系に織り込むためのカーボンプライシング（炭素税、賦課金、排出量取引制度などの炭素の価格付けに関する制度）について、諸外国の状況を含め、総合的・体系的に調査・分析を行いつつ、検討」という方針が打ち出されている。政府全体ではなく、環境省としてのビジョンなので「慎重に検討」の「慎重に」を取り除いたというところだろう。他方、経済産業省は、特定の目標ありきではなく、海外の動向などのファクトの整理、内外の産官学の知恵を求め、長期戦略策定に当たっての論点、方向性をとりまとめるための「長期地球温暖化対策プラットフォーム」を同時期に立ち上げた。長期目

標の取り扱いに種々の論点があることは第10章で述べたとおりだが、国内対策としてのカーボンプライシングについても今後、議論が活発化することになるだろう。

炭素価格議論は国際競争力の問題と切り離せない

　今後、国内で炭素価格の議論が活発化するなかで、まず頭にとめておかねばならない点は、「炭素価格の議論は国際競争力の問題と切り離せない」ということである。地球規模の巨大な外部不経済である地球温暖化に対応するために、汚染物質である温室効果ガスに価格をつけ、外部不経済を内部化するというのは経済学的に正しい。グローバルな問題には、グローバルな対応が必要であり、そのためには、世界均一の炭素価格を導入することが最も望ましい。そのためのアイデアとして国連が世界全体の温室効果ガス排出量に上限を設けて管理し、各国が必要な分をオークションで購入し、それによる地球規模の巨大なオークション収入を一定のフォーミュラに従って途上国に再配分するとともに、低炭素技術にも投資するという「全球キャップ論」がある。これは壮大なアイデアであり、世界レベルでの炭素価格を成立させることになるが、残念ながら実現可能性は皆無だろう。現在の国際政治経済情勢の下で、国連に究極の世界政府的な権限を持たせることを各国が許容するとは思えないし、巨大な収入の再配分を国連で決めようとしても全会一致が原則である以上、合意不可能である。世界共通通貨、世界共通言語と同様、世界均一の炭素価格は、実現すれば理想的ではあるが、「絵に描いた餅」でしかない。

　地球規模の炭素価格が不在である以上、各国がさまざまな対策を講じながら温室効果ガス削減に取り組むことになる。温室効果ガスの排出は、我々のほぼすべての経済活動に由来しており、したがって、温室効果ガスの排出に制約をかければ、経済全体に必然的にコストが発生する。これは、好むと好まざるとに関わらず厳然たる事実である。温室効果ガス排出削減が

何のコストも伴わないのであれば、そもそも地球温暖化問題など発生しないだろう。もちろん温室効果ガス排出削減は地球温暖化防止という便益を生むが、これは地球規模の便益であり、どの国もそこから排除されることはない。即ち、削減費用はローカル、便益はグローバルということであり、必然的に「自国以外の誰かが削減すればよい」というフリーライドの構造を生み出す。このフリーライドの構造の下で、各国の負担分担をどうするのか。地球温暖化交渉がずっと難航してきた最大の理由はまさしくここにあり、この基本的構造はパリ協定以後も変わっていない。パリ協定が成功した最大の理由は、地球温暖化対策を各国の自主的な取り組みとして委ね、各国の負担分を交渉で決めることを諦めたからともいえる。

　各国の負担分担をめぐる国際交渉が難航してきた理由のひとつは、地球温暖化対策を通じて経済活動にコストを賦課することが各国の国際競争力や経済成長に影響を与えるからである。第8章で述べたように、地球温暖化対策を進めれば進めるほど経済が成長するというグリーン成長論は、レトリックとしては美しいが、現実はそれほど甘くない。仮にある国の炭素価格、あるいは地球温暖化対策コストが他国に比して過度に高くなった場合、その国の産業競争力は弱まり、経済的ダメージが生ずる。また、その国の産業が国際競争に敗れて生産活動低下により雇用が失われたり、温室効果ガス規制が緩やかでコスト安の外国に生産拠点を移動した場合、国内の温室効果ガス排出が減っても、世界全体としては、温室効果ガスが増えてしまう可能性がある。これが「カーボンリーケージ」であり、産業界が地球温暖化対策のコストに敏感なのは、これが理由である。もちろん、省エネ機器、技術など、地球温暖化対策の強化によって伸びる産業もあり、マイナスの影響のみならずプラスの影響を総合的に評価することも必要である。また、各国の国際競争力に影響を与える要素は資本コスト、労働コスト、生産性など多岐にわたり、炭素価格は、その一部に過ぎない。しかし、排出量取引、炭素税を含め、政府の人為的な介入によって明示的、暗示的な炭素価格を導入又は引き上げる場合、他国との負担度合いの比較、

第12章 炭素価格論について考える

自国の国際競争力や経済に与える影響を十分に検討することが不可欠であろう。より敷衍していえば、地球温暖化防止という政策目的と、経済成長、エネルギー安全保障などの他の政策目的のバランスをどうとるかというプライオリティ付けの問題でもある。

「日本には炭素価格がない」というのは誤り

内外の環境関係者のなかには、「日本には炭素価格が存在せず、国際的潮流に遅れている」という議論がよく聞かれる。これは二重の意味で間違っている。

このような論者は、「炭素価格＝炭素税あるいは排出量取引」という前提で議論するのが通例だが、既に述べたように炭素価格には、明示的炭素価格のみならず暗示的炭素価格も含まれる。日本は、これまで種々の地球温暖化対策を講じてきており、そのためのコスト、即ち、暗示的炭素価格を負担してきている。典型的な事例は、省エネ法である。省エネ法では、一定以上のエネルギーを使用する事業者はエネルギー効率に関するベンチマークに基づき、その改善を求められ、エネルギー使用実態の年次報告及び中期のエネルギー効率改善計画が義務付けられている。これにより、エネルギー効率が改善されれば、結果的に CO_2 排出量も削減される。当然、エネルギー効率改善のための体制整備や投資によって事業者はコストを負担することになる。また、省エネ法に基づくトップランナー制度は、エネルギー消費機器のエネルギー効率向上を義務付けるとともに、省エネラベルを通じて、消費者が値段は少々高くとも省エネ性能の高い機器を購入するよう誘導している。省エネ法は、もともと石油危機を契機に作られた法律であり、その目的は、省エネを通じたエネルギー安全保障の強化であった。しかし、省エネ法は、エネルギー消費節減を通じて明らかに日本の CO_2 排出抑制に効果を発揮しており、それに伴い国民経済が負担しているコストは暗示的炭素価格を形成しているといえる。

また、経団連傘下の 61 業種は、京都議定書第 1 約束期間 (2008 ～ 2012 年) 以降、環境自主行動計画の下で業種ごとに CO_2 排出削減目標をプレッジし、対策の進捗報告、政府の審議会や第三者評価委員会によるレビューを行ってきた。その結果、統一目標（第 1 約束期間の平均排出量を 1990 年比横ばい）を掲げた 34 業種では、期間中の活動量が 1990 年比 2%増大するなかで排出量を 12.1%削減し、目標を大幅超過達成した。更に 61 業種中、29 業種は、これまでにのべ 41 回も自主的に目標値の引き上げを行ってきた。こうした自主行動計画による対策には、当然ながら技術への投資などの対策費用を伴うものであり、これも暗示的炭素価格を形成している。

　加えて 2012 年から導入された再生可能エネルギーの全量固定価格買取制度（FIT）も費用対効果は非常に悪いが、暗示的炭素価格の事例である。2016 年 3 月までの累計買取総額 3.3 兆円、累計買取電力量 955 億 kWh、FIT によって削減された系統電力の排出係数を 0.5kg/kWh、回避可能費用を 10 円 /kWh と仮定すると、FIT による CO_2 の削減費用はトン当たり約 5 万円程度となる。

　このように、「日本には炭素価格がない」という議論は、これまでも規制や自主行動計画を通じた暗示的炭素価格の下にある日本の実態を無視している。

　また、「日本には炭素価格がない」という議論が明示的炭素価格を想定したものであったとしても、事実関係として誤っている。日本では、石油・天然ガス輸入を対象に 1978 年に導入され、2003 年から石炭も対象とした「石油石炭税」が課されており、更に 2012 年からは、石油石炭税に上乗せする形で燃焼時の CO_2 排出量に応じて課税される地球温暖化対策税が課されるようになったからである。この地球温暖化対策税が明示的炭素価格であることはいうまでもない。

　「日本に地球温暖化対策税が存在するとしても、その水準はトン当たり 3 ドル程度と低い。スウェーデンの炭素税 130 ドル、フィンランドの炭素税 64 ドルなどと比べると低過ぎるし、EU-ETS のクレジット価格 6 ドル

第12章　炭素価格論について考える

と比べても低い」という反論があるかもしれない。しかし、国際比較を行ううえで重要なのは、各国が温室効果ガス削減のための明示的炭素価格、暗示的炭素価格を含め全体としてどの程度のコストを負担しているかという点であって、炭素税、排出量取引という明示的炭素価格だけを取り出して比較しても意味がない。例えば、地球環境産業技術研究機構（RITE）の試算によれば、京都議定書第1約束期間中に環境自主行動計画に参加した企業が直面した限界削減費用は、計画の中間段階の2010年時点で57ドル / t -CO_2であったとされており、ドイツの38ドル、英国の17ドル、フランスの16ドル、米国の3ドルと比べるとはるかに高いものであった。また、経団連の環境自主行動計画と同様、産業部門、エネルギー部門を対象としていたEU-ETSの価格は、2010年時点で18ドル程度であった。2030年目標達成のための限界削減費用を比較しても、日本は約380ドル、EUは210ドルと、日本のほうがはるかに高いのは既に紹介したとおりである。

　また、税に着目して比較するにしても、地球温暖化対策税の税率だけに着目するのは不適切である。石油、天然ガス、石炭は、輸入段階で石油石炭税を課されており、日本の産業界は税込みのエネルギー価格を燃料調達コストととらえ、コスト競争力を強化するため、省エネなどによる化石燃料の使用節減を進めている。このため、石油石炭税は、エネルギー価格にビルトインされた形で産業界の省エネ努力を促進しており、CO_2削減に効果のある暗示的炭素価格であるといえる。

　しかも2014年度で6130億円にのぼる石油石炭税の税収の半分は、省エネルギー、再生可能エネルギー、CO_2排出抑制を目的とするエネルギー需給構造高度化対策に充当され、財源面から環境面の効果を狙っている。欧州の環境税は、高い税率による価格効果で省エネなどを促進しようとしており、税収は一般財源に入っている。このため、欧州の税と比較する場合、価格効果の面では、地球温暖化対策税のみならず、石油石炭税も考慮に入れ、更に税収を活用した地球温暖化対策の財源効果も考慮に入れるべ

きであろう。

　このように、「日本には炭素価格水準がない（あるいは極めて低い）」とか「地球温暖化対策の努力が足りない」といった議論は、地球温暖化対策の一部分のみに着目して全体を律そうとするバランスを欠いた議論といわざるを得ない。

日本で排出量取引を導入すべきなのか

　「日本で炭素価格導入が遅れている」という議論では、「日本に排出量取引が存在しない」という点にしばしば焦点が当てられる。特に韓国や中国で導入が始まっていることを根拠に、「排出量取引は世界の潮流だ。バスに乗り遅れるな」という議論がよく聞かれる。

　既に述べたように国内排出量取引については、これまで何度となく議論され、「海外における排出量取引の動向とその効果」などを見極め、「慎重に検討する」とされてきたわけだが、それでは海外の先行事例はどう評価されるのか。世界最大の規模を誇り、運用実績の長いEU-ETSの事例を見ると「成功」とはとてもいい難い状況である。

　もともと欧州委員会は、地球温暖化対策の柱として域内共通の炭素税導入を企図していた。しかし、租税権は各国政府の専権事項であり、域内共通炭素税の導入には全加盟国の賛成が必要であるため、導入可能性は皆無であった。EU-ETSは、いわば「次善の策」として導入されることになったのである。EU-ETSは、2005年に施行的に導入され、第1フェーズ（2005〜2007年）、第2フェーズ（2008〜2012年）を経て、現在は第3フェーズ（2013〜2020年）にある。排出量取引を導入する場合、対象セクターに排出枠を無償で割り当てる方法と、オークションによって必要な枠を有償で購入させる方法があるが、後者は事実上の新税導入と同義であり抵抗が強い。このため、第1フェーズでは、産業界の反対を抑えるため、過去の排出実績に基づいて初期無償割当を大盤振る舞いした（グランドファザ

第12章　炭素価格論について考える

リングと呼ばれる）。制度導入当初は、30ユーロに近い価格をつけた時期もあったが、初期無償割当が大盤振る舞いされたことに加え、景気後退による経済活動の低下もあいまって第1フェーズ末期には大量の余剰クレジットが発生することが明らかとなった。余剰クレジットは、第2フェーズに繰り越せないため、第1フェーズ末期にはクレジット価格がゼロにまで低下した。また、第1フェーズでは、電力業界は無償割当を受けていながら、燃料価格に炭素コストを上乗せして電力料金を設定し、最終消費者に転嫁した。電力セクターは、国際競争に晒されておらず、他方、電力自由化の下で自由に価格設定ができるため、このような事態が生じたわけである。この結果、電力セクターは、第1フェーズで110億ユーロを超える「棚ぼた利益（windfall profit）」を得たとされ、他の産業から大きな批判を呼ぶこととなった。第2フェーズは、京都議定書第1約束期間における対策の中核ということで原単位改善などのベンチマークの考え方を取り入れ、グランドファザリングよりも厳しめの枠の設定を行った。しかし、リーマンショックによる欧州経済の低迷に加え、京都議定書に基づくCDMクレジットが大量に流入した結果、第2フェーズ当初は30ユーロをつけていたクレジット価格が、2012年には6ユーロ程度に暴落してしまった。

　第3フェーズでは国別キャップを撤廃し、国際競争に晒されない電力部門においては、オークションを導入するなどの制度の手直しを行った。しかし、リーマンショックからようやく立ち直りかけていた欧州経済は、ユーロ危機によって再び大きく低迷し、クレジットの供給超過が続いた。加えてEUの再生可能エネルギー指令を踏まえ、各国が割高な再生可能エネルギーを全量固定価格買取制度などによって遮二無二導入した結果、電力部門のクレジットの需要が低下してしまったこともクレジット価格低下に拍車をかけた。この結果、第3フェーズでは20億トンを超える余剰クレジットを抱え込むこととなり、クレジット価格は5〜7ユーロのレベルで低迷することとなった。そもそもEU-ETS導入時に欧州委員会が狙っていた目的は、温室効果ガス排出量の確実な削減に加え、炭素価格を通じて

低炭素電源への転換やイノベーションを促進することであった。そのためには、クレジット価格が徐々に上昇し、少なくとも 20 〜 30 ユーロを下回らないことが想定されていた。しかし、5 ユーロ程度では、低炭素経済に向けた投資を促すことにならない。それどころか、石炭火力を燃やして安価なクレジットを購入しても十分ペイすることになってしまう。事実、この時期、シェール革命で行き場を失った米国炭が欧州に輸出され、脱原発と再生可能エネルギーを進めるドイツにおいて石炭火力が新設されるという皮肉な事態に陥ったのである。

　この余剰クレジット問題に対応するため、欧州委員会は短期対策として第 3 フェーズ初期の予定オークション量を 9 億トン分絞り込み、需給をタイトにしたうえで、第 3 フェーズ末期にその分を市場に戻すという「バックローディング」を導入した。しかし、これでは、一時しのぎにはなっても、余剰クレジットを解消する本質的な解決になっていない。このため、欧州委員会は中長期対策として、市場安定化リザーブ（MSR）の導入を打ち出した。これは、余剰クレジット量に一定の幅を設け、その幅を超過した場合には差分をリザーブに繰り入れ、その幅を下回ったときにはリザーブからの放出を行うというもので、あたかも中央銀行の市場介入のような形でクレジットの市況をコントロールしようという試みである。欧州委員会の原案は、2021 年から MSR を導入するというものであったが、クレジット価格の低迷に危機感を募らせた英国、ドイツ、フランス、北欧などの強い主張により、2019 年から前倒しで導入されることとなり、バックローディングされた 9 億トンも市場に戻さず、MSR に繰り入れられることとなった。排出量取引は、量をコントロールする制度であり、需給を反映してクレジット価格が上下することは当然のはずである。したがって、このような価格介入政策を行うことは、排出量取引の本来の趣旨に反するはずだが、MSR の導入によるクレジット価格の維持政策は、排出量取引が形を変えた税に転換しつつあることを示すものである。

　MSR がクレジット価格に、どの程度の効果をもたらすかは未知数であ

る。MSRの導入が欧州理事会で承認され、パリ協定が合意された直後の2016年1月には8ユーロに若干上昇したクレジット価格は、2016年8月時点では再び5ユーロ以下に低下している。シェール革命でエネルギーコスト低下と温室効果ガス削減という二重の配当の恩恵を受けている米国との国際競争力格差を前に、クレジット価格を単に引き上げればよいというわけにはいかない。また、MSRの導入をはじめEU-ETS強化の旗振り役であった英国がEUから離脱することになれば、域内でクレジット価格の引き上げに消極的なポーランドなど、東欧諸国の発言力が相対的に高まることになる。EU域内の今後の経済情勢もMSR運用に影響を与えることになろう。

　10年以上にわたるEU-ETSのパフォーマンスについてのIPCCの評価は辛口である。第5次評価報告書では、「EU-ETS制度は意図されたほどには成功しなかった。…近年の恒常的な低価格は、追加的な排出削減についてのインセンティブを与えることができなかった。…2013年末の執筆時点において、過剰な排出枠を取り除くことによって、この低価格の問題に対処することは、政治的に難しいことが証明されている」と評価されている。また、欧州のシンクタンクIIEA（Institute for International and European Affairs）は、「EU-ETSは、欧州の競争力強化、雇用創出、クリーン技術の導入、イノベーションいずれの面でも役に立たなかった」という厳しい評価を下している。しかし、種々の問題を抱えながらもEU-ETSは存続し続けるだろう。欧州委員会と各国政府、産業界においてEU-ETSを生業にしている多くのスタッフがいる。価格が下がったとはいえ人為的に作り出されたクレジットは、金融資産として企業のバランスシートに組み込まれている。ユーロと同じように、いかにボロボロの状態になっても、導入後10年以上を経て今更止められるものではないということだろう。制度とは、一度導入されたが最後、「存在するものは善」になりがちなのである。

　このように、EU-ETSのこれまでの流れを見てみると、先行する海外

事例が国内排出量取引導入を正当化するとはいえそうにない。「排出量取引は世界の潮流だ。バスに乗り遅れるな」という議論を聞いていると、「ドイツをはじめ、脱原発は世界の潮流だ。再生可能エネルギーを全量固定価格買取制度で大きく伸ばせ」という議論と何と似通っていることか。ドイツを「見習って」導入した全量固定価格買取制度が制度導入から3年たたないうちに膨大な国民負担に対する懸念を顕在化させ、制度見直しを強いられていることを忘れてはならない。全量固定価格買取制度は、費用対効果という点で非常に割高な政策であるが、20年間の買取保証を伴っているため、今更やめるわけにはいかない。欧米の制度を「周回遅れ」で導入し、同じ失敗を繰り返す愚は避けるべきである。

排出量取引は自主行動計画よりも優れているのか

　国内排出量取引を検討する際には、海外事例の研究と併せ、地球温暖化対策計画にあるように「国内において先行する主な地球温暖化対策（産業界の自主的な取組など）の運用評価」が前提となっている。排出量取引がカバーすることを想定している産業部門・エネルギー部門は、既に経団連の自主行動計画でカバーされている。排出量取引を主張する論者は、「排出量取引は法律に基づく強制力ある制度であるため、自主行動計画よりも実効性がある。炭素価格が設定されることにより、それを超える割高な対策を行わなくて済むようになるため、業種によっては自主行動計画よりも対策コストが低減する」と主張する。しかし、この議論には多くの点で疑問がある。

　EU-ETSでは、第1フェーズで直近の排出実績に基づくグランドファザリング方式による初期無償割当が膨大な棚ぼた利益を生み出したという反省から、第2フェーズ以降は、多くの産業部門で原単位に着目したベンチマークを使って割当量を決める方式に移行した。この結果、欧州委員会と産業界との間には、ベンチマークの水準と活動量をめぐって熾烈な議論

が行われることとなり、膨大な政治的・行政的な調整コストが発生することとなった。ある業種の割当量を決定するには、当該業種の将来にわたっての事業活動量を決めることが必要になる。更に政府としては、新規参入者、新規産業にどの程度の枠を残しておくかということも考えておかねばならない。政府が将来の需要動向や生産体制を正確に予測し、それに基づいて既存・新規の事業者に排出枠を割り当てるというのは、まさに計画経済的なアプローチであり、巨大な政治・行政コストを生む。「計画経済はうまくいかない」「政府は誤りを犯す」というのは、旧ソ連の事例を含め、我々がこれまで歴史から学んできた経験則である。しかもEU-ETSのような法的規制は、景気後退などの環境変化に迅速に対応することができない。リーマンショックやユーロ危機による経済活動量の低下の結果、大量に発生した余剰クレジットの扱いに苦慮しているのは、その典型例である。

　自主行動計画の場合、割当が存在しないため、割当量決定に伴う膨大な政治・行政コスト、割当量に起因する棚ぼた利益やリーケージのリスクなどの問題が発生しない。更に環境の変化に対しても業界や企業によるPDCAサイクルを通じて柔軟に対応することが可能となる。「自主的取り組みでは野心のレベルが低くなる」という批判があるが、既に述べたように自主行動計画では、これまで29業種がのべ41回にわたって目標の引き上げを行ってきた。当初目標設定時は、その時点の技術や産業実態を踏まえた最善努力を想定していたが、そのあとの技術進歩や対策の進捗、知見の向上を踏まえ、目標の早期達成が見込める業界が自主的に野心度を引き上げ、更に高い目標にチャレンジしてきたのである。業界団体を通じた業界内のベストプラクティスの共有化や、業種目標を掲げることで競争問題を回避する一方、業界目標達成に向け、ピア・プレッシャーに基づく健全な競争が行われてきたともいえる。また、産業界は、本質的に政府による介入を嫌う。EU-ETSに見られるような活動量の調整などはその最たるものであろう。このため、自主的取り組みの野心レベルを継続的に引き上げ、目標を確実に達成することにより、管理経済的な排出量取引の導入を

防ぎたいという狙いもあるだろう。

　排出量取引の問題点のひとつは、経済環境の変化によりクレジット価格が変動するため、長期的な技術開発投資が生じにくいことである。期中の目標達成に着目した EU-ETS が長期の技術開発に貢献してこなかったことは、これまでの実績を見れば明らかである。クレジット価格を引き上げるため、排出枠を段階的に厳しくすればよいとの反論があるだろうが、それによって国際競争力が失われ、経済が疲弊すれば、長期の技術開発投資への資金が回らなくなるだろう。自主行動計画の場合、目標達成のための計画を自ら策定し、炭素価格変動からの影響が少ないため、長期的かつ安定的な技術開発投資の取り組みが促進されている。企業の技術開発投資については当然、更なる強化が必要になるが、排出量取引がそれを後押しするとは思えない。

　より根源的にいえば、排出量取引と自主行動計画の最大の違いは、前者が温室効果ガス目標の達成（自力で達成するか、クレジットを購入するかを問わない）を至高の目標としているのに対し、後者が温室効果ガス削減のみならず、当該企業、業界の国内外の市場展開、技術開発を含む総合的な中長期戦略をも考慮したものになっていることである。したがって、自主行動計画に盛り込まれた対策も単に限界削減費用の低い順に並べられているとは限らない。政府の施策と同様、民間企業もさまざまな目標を追求しているのであって、「排出量取引で成立する炭素価格を超える対策はやらなくてよい」という議論は、民間企業からすれば「余計なお世話」ということであろう。温室効果ガス削減という部分均衡しか見ない排出量取引が多くのビジネス課題に直面した民間企業の事業実態に適合しないことは、ある意味当然のことなのである。

　このように排出量取引と自主行動計画の特色や、EU-ETS の経験を見る限り、「排出量取引が自主行動計画よりも優れている」という結論は導けないものと思われる。

　更にいえば、国際レジームが京都議定書からパリ協定に移ったことも忘

第 12 章　炭素価格論について考える

れてはならない。京都議定書の下では、削減目標の達成は条約上の義務であったが、国内において強制力を有する排出量取引は導入されなかった。パリ協定の下では、目標達成が条約上の義務となっていない。そうしたなか、国内で排出量取引のような強制的措置を導入するのは理屈に合わない。「パリ協定では、目標達成が義務化されていないが、その分、各国が国内対策で目標を確実に達成することが求められる」という議論があるだろう。もとより、各国はプレッジした目標達成に向けて誠実に努力しなければならない。しかし、第9章で述べたように26％目標は天から降ってきたものではない。エネルギー安全保障、エネルギーコスト引き下げ、地球温暖化防止という3つの要請を満たすエネルギーミックスから導き出されたものである。そうであるならば、目標達成に向けての努力は、エネルギーミックスの実現に注ぐべきであろう。エネルギーミックスの実現の可否は、原子力発電所の再稼働・運転期間延長に大きく依存しているが、次に述べるように、排出量取引はその目的には役に立たない。したがって、「パリ協定でプレッジした目標の実現に努力するためには、排出量取引の導入が必要だ」という議論は成立しない。

電力排出量取引を導入すべきか

　「経団連自主行動計画のこれまでの実績はともかく、電力分野の低炭素化は、自主目標だけでは達成が覚束ない。少なくとも電力分野においては、強制力のある排出量取引制度の導入により、確実な目標達成を図るべきだ」という議論があるかもしれない。現に新聞報道では、環境省が検討中の排出量取引のオプションのひとつとして電力原単位に基づく排出量取引が言及されている。

　東日本大震災以降、電力自由化が進展し、競争が激化するなかで、2015年7月、電気事業連合会加盟10社、電源開発、日本原子力発電及び新電力有志は、「電気事業における低炭素社会実効計画」を策定し、2030年度

に使用端の排出係数を 0.37kg-CO_2/kWh にするという自主目標を設定した。これは、2030 年度のエネルギーミックスから算出される国全体の排出係数であり、2013 年度比で 35％の改善に相当する。また、目標達成に向けた取り組みを着実に実施するため、42 社から成る協議会も設立された。そして、この目標達成を政策的に支えるため、省エネ法に基づき発電事業者を対象に、新設発電設備についての効率基準、既設発電設備を含む事業者単位での効率基準が設定された。また、小売段階では、エネルギー供給構造高度化法に基づき、2030 年に小売事業者に対して販売する電力のうち、非化石電源の占める割合を 44％とすることが求められた。この目標達成に当たっては、複数の小売事業者が共同で目標達成をすることが認められている。

0.37kg-CO_2/kWh、非化石電源比率 44％という目標は、いずれも 2030 年のエネルギーミックスの実現を想定したものである。しかし、第 8 章で述べたようにエネルギーミックス実現の成否は、原子力発電所の再稼働、運転期間延長により 20 ～ 22％のシェアが実現できるかどうかにかかっており、決して容易なものではない。「だからこそ、原単位目標を法的義務にすべきだ。電力は、国際競争に晒されていないのでリーケージの懸念がない。事業者間の共同達成が認められており、排出量取引との親和性も高い」というのが電力排出量取引導入論の考え方であろう。

しかし、この考え方には強い違和感を覚える。原単位目標、非化石燃料比率は、エネルギー安全保障、エネルギーコストの低減、地球温暖化対策の推進という 3 つの要請を満たすために、ボトムアップで策定されたエネルギーミックスの実現を前提とするものである。しかし、原単位目標を義務化するという考え方は、ボトムアップで策定した目標がトップダウンの目標に変質したこと、換言すれば、3 つの要請の同時達成を放棄し、地球温暖化防止を無条件で他に優先させることを意味するからである。

また、0.37kg-CO_2/kWh を義務付けたとしても、エネルギーミックスの実現には効果が期待できない。実現のカギを握る原子力発電所の再稼働・

運転期間延長は、規制委員会、規制庁による審査の進捗、地元同意、訴訟リスクなどに左右されるのであり、原単位目標を義務付けたからといって再稼働が促進されるわけではない。環境省は、原単位目標を義務付ける制度導入を云々する前に、原子力安全審査の合理化・迅速化、地球温暖化防止における原子力の役割の国民理解の増進などに取り組むべきであろう。

原単位目標の義務化を行えば、原子力発電所の再稼働が進まない場合であっても、帳尻を合わせることが求められる。想定される事態は、第8章で述べたような再生可能エネルギーの更なる上積みによる電力コストの大幅上昇と産業競争力、国民生活への深刻なダメージであろう。産業全体が排出量取引の対象にならなかったとしても、電力コストの上昇を通じて、結局、影響は経済全般に及ぶことになる。もうひとつの可能性は、非化石電源の「玉（ぎょく）」が国内に不十分であるため、海外クレジットの購入による目標達成を認めるケースである。中国や韓国で導入された排出量取引市場からクレジットを購入することも俎上に載ってくるだろう。しかし、中国で仮に排出量取引が発足したとしても、その前提であるデータの質、信頼性についてはまったくの未知数である。更に海外からのオフセット購入は単なる数字合わせに過ぎず、地球全体の排出量が減るわけではまったくない。京都議定書第1約束期間で海外クレジット購入のために1兆円を超える国富が海外に流出した。帳尻合わせの「空気」を買ってくるために貴重な国富を使うくらいであれば、技術開発にお金を使ったほうが余程有益であろう。

なお、44%の非化石電源比率を目指す高度化法の運用についても注意が必要である。分子である非化石電源からの発電量の半分は原子力であり、その実現には電気事業者のみならず、官民一体となった努力を要する。また、分母の電力需要は、経済情勢や国民運動を含む国全体の省エネ努力に左右される。このことは、44%目標の達成責任を電気事業者のみに負わせることができないことを意味する。現在から2030年44%までを直線で結び、機械的な運用を行っても機能しない。足元の原子力発電所の再稼働の

動きを見つつ、現実的かつ弾力的な運用を行うことが必要だろう。

　更に電力セクターでは、既に再生可能エネルギーの全量固定価格買取制度（FIT）が導入されている。排出量取引の本来の趣旨は、与えられたキャップのなかで最も費用対効果の高い温室効果ガス削減策を講ずることである。異なる再生可能エネルギー源間の競争を許容する再生可能エネルギーポートフォリオ基準（RPS）ならばともかく、個々の再生可能エネルギー源ごとに買取価格を設定し全量購入を電気事業者に義務付ける全量固定価格買取制度は、費用最小化を狙う排出量取引制度とはそもそも両立しがたい。現にEU-ETSの項で述べたように、再生可能エネルギー導入義務がEU-ETSの機能不全の一因となったことは広く指摘されている。さりとて、全量固定価格買取制度は、既に長期の買取コミットメントをしており、多くの管理コストと既得権益者を生んでしまっているため、今更リセットするわけにはいかない。

　このような点を考えると、電力排出量取引の導入には大きな問題があるといわざるを得ない。

大型炭素税を導入すべきか

　それでは、排出量取引と並ぶ明示的炭素価格である炭素税について、どう考えるか。2015年11月30日付日本経済新聞の経済教室では、浜田宏一・エール大学名誉教授と小林光・慶應義塾大学特任教授の連名で「高率の炭素税の導入と、その税収による法人税などの軽減を行う」という歳入中立パッケージが提案された。現在の石油石炭税（地球温暖化対策税を含む）を一挙に10倍に増税し、10,800円/t-CO_2の課税を行えば、2030年までにCO_2排出量は20％削減でき、GDPは成り行きケースに比べて1.9％拡大し、雇用も0.2％増大するとの試算まで紹介されている。また、環境大臣の私的懇談会である気候変動長期戦略懇談会が2016年2月に提出した提言では、「気候変動問題と経済・社会的問題の同時解決を更に効果的に

進める観点から、本格的な炭素税を社会保障改革、法人税改革と一体となった導入が考えられる」と述べている。更に 2016 年春に首相官邸が開催した国際金融経済分析会合では、ノーベル賞受賞経済学者のスティグリッツ・コロンビア大学教授が「パリ協定に基づき、炭素に高価格を設定することは、気候変動に対応する世界経済への改革に向けた投資を促す。すべての国で炭素税を含めた環境税の引き上げで相当な歳入が得られ、経済のパフォーマンスも改善する」などの意見陳述を行っている。

しかし、「大型炭素税を導入すれば八方うまくいく」式の議論には、種々の疑問がある。課税により化石燃料価格を上昇させ、需要を抑制することによって CO_2 の排出抑制を進めるという考え方は、経済学的にはともかく、現実にはエネルギー使用の価格弾性値は低い。例えば、地球環境産業技術研究機構 (RITE) の分析では、日本で 50 ドル /t-CO_2 までの炭素価格を導入した場合、2030 年のベースライン排出量 (特段の対策をとらない場合) と比較した排出削減率は、産業部門で 2.5%、エネルギー転換部門で 7.2%、民生部門で 0.3%、運輸部門で 4.7% 程度と見込まれている。特に日本は、米国や EU に比して省エネが進んでおり、限界削減費用が高いため、50 ドルまでの対策による削減効果は更に低くなる。このため、価格効果でエネルギー使用の意味のある削減のためには相当程度、税率を高くせざるを得なくなる。

「だから 100 ドル近くの大型炭素税を導入する」ということなのだろうが、前出のスティグリッツ教授が指摘するように、すべての国で、少なくともすべての主要排出国で一致して共通・高率の炭素税を導入するのであれば効果は絶大だろう。しかし、前にも述べたように世界共通炭素税は、経済学的に正しくとも実現可能性は皆無である。

それでは、日本だけで大型炭素税を導入すればどうなるか。10,800 円 / t-CO_2 の課税は石油価格でいえば 33 ドル / バレルの増税にあたり、天然ガス、石炭への増税もあいまって、日本だけに人為的に石油危機を起こすようなことになる。鉄鋼、セメント、石油化学など、日本のエネルギー多

消費産業の国際競争力喪失、収益大幅悪化を招き、必然的にこれら産業の生産拠点の海外移転をもたらすことになるだろう。赤字になってしまっては法人税減税のメリットを受けようがない。「過去の石油危機の際も、日本の産業は驚くべき対応力を示してきたではないか」との議論があるかもしれない。しかし、先進国が押しなべて外的ショックである石油危機に見舞われたケースと、人為的に自国のエネルギー価格だけを引き上げるケースを同列に論ずることはできない。ましてや石油危機の時代と比較すれば、世界の競争はますます激化している状況にある。

そのような犠牲を払い、日本の排出量が20％削減できたとしても、日本の排出量シェアは2.8％に過ぎないため、世界全体の排出量削減効果は0.56％程度である。これは、地球温暖化防止という地球全体の課題との関係ではほとんど効果がない。しかも移転先における環境制約が日本よるも緩ければ、海外での生産が増大し、いわゆる炭素リーケージが生じ、地球全体での排出量はむしろ増大することすらあり得る。

このような事態を防ぐため、エネルギー多消費産業への激変緩和措置（減税・免税など）を講ずるという議論もあるだろう。諸外国における環境税、炭素税の導入事例を見ても、産業競争力や雇用への配慮から産業部門を減免税の対象とするケースが通例である。欧州の炭素税の場合、EU-ETSの対象となっている企業は免税となっている。日本の場合、産業界は、排出量取引ではなく、自主行動計画に基づいて既に欧州よりも高い地球温暖化対策コストを実質的に負担しているので、仮に大型炭素税を導入するとしても、そのの対象とすることは不適切であろう。減免措置を講じず、国境調整措置を通じて輸入品に炭素関税を課するという方法も論理的にはあり得るが、第11章で述べたように技術的、経済的、政治的に実現可能性が極めて低く、結果的に日本国民・産業だけに負担を負わせることになりかねない。

しかし、大型炭素税を法人税減税や社会保障の財源に充てるという考え方の致命的な問題点は、価格効果を通じて十分な削減効果が発揮されるの

であれば、税収が低下していき、安定的な財源を必要とする社会保障に充当することは不可能だということである。法人税減税と一体とするにしても、炭素税収入が減少していったら減税原資が目減りしていくため、持続可能なものではない。「大型炭素税でいろいろな問題を一挙両得で解決する」という議論は耳当たりがよくとも、世の中うまい話がそう転がっているわけではないのである。

明示的炭素価格の経済効率性

　排出量取引や炭素税といった明示的炭素価格政策については、概して経済学者の間で人気が高い。その根拠は、「価格メカニズムによって最も費用対効果の高い排出削減がなされる」というものである。その前提は、均一の炭素価格が成立することであるが、地球温暖化問題に対応するために、最も理想的な地球規模の単一炭素価格が成立する可能性はほぼないことは既に述べたとおりである。このため、各国レベルで形成される炭素価格を考えるに当たっては、国際競争力の観点が切り離せないのだが、この問題を横に置いたとしても、国内で単一の炭素価格を形成し、費用対効果の高い削減をすることは可能なのだろうか。

　その答えは「否」である。日本に限らず、各国ではエネルギー課税、車体課税、省エネ規制、再生可能エネルギー推進策等々、温室効果ガス削減をもたらすさまざまの施策が講じられている。これらのなかには、他の政策目的で導入され、温室効果ガス削減にも効果をもたらしているものも多い。既に述べたように省エネ規制は、もともと石油危機後、エネルギー安全保障を目的に導入されたものであったが、今や地球温暖化防止のための主要な柱になっている。石油石炭税もエネルギー安全保障を目的に導入されたが、その税収の半分は、省エネや再生可能エネルギー推進など、地球温暖化防止にも貢献する施策に使われている。自動車関連諸税は多くの場合、税収目的で実施されたものであったが、排出抑制にも効果をもたらし

ている。

　また、これらの施策の多くは部門別政策であり、当該部門の政策決定プロセスを通じて導入されてきた。省エネ基準は、個別具体的な製品・機器を対象とするものであり、トップランナー基準を導入する際には、関係業界、当該部門に知見を有する学識経験者などの協議を経てきた。種々の技術開発政策や補助金も対象を特定する必要があるため、部門別に導入されてきた。また、自動車課税や燃料課税を検討するに当たって、公共交通機関政策、道路政策との関連が検討されるように、部門別対策の導入に当たって、部門全体の政策目的との調整が図られてきた。

　この結果、暗示的炭素価格を形成している各部門の既存施策は、温室効果ガスの限界削減費用という点では大きなばらつきがある。それぞれ固有の政策目的で導入されたのであるから当然といえば当然であろう。このため、「排出量取引、炭素税を通じて均一の炭素価格を設定し、国全体として費用対効果の高い削減を行う」という経済学の教科書のような状況は、既存の施策を「ガラガラポン」してゼロから導入するのでもない限り、実現しないのである。そして、各施策が固有の理由で導入されている以上、そうした事態は想定しがたい。

　また、諸外国の炭素税、排出量取引の導入事例を見ても、現実には、国際競争力への悪影響低減、雇用確保などを理由に産業部門に対するさまざまな減免、免除措置が講じられており、経済学の教科書が想定するようなシンプルで効率的なものにはなっていない。本来、部門横断的に導入されることを想定した施策であっても、政治的な受容可能性の観点から部門別の配慮が施されたわけである。既存施策による暗示的炭素価格のばらつきに加え、明示的炭素価格でも均一炭素価格は設定しがたいので、「国全体で均一の炭素価格」はなおさら実現しないということになる。排出量取引、炭素税を推奨する議論の多くが費用対効果の高さを理由に挙げるが、上記のような状況を考えれば、相当値引きして考える必要があろう。

現実的な政策パッケージを

　以上、炭素価格についてのさまざまな論点を提示してきたが、筆者は、炭素価格政策を決して否定するものではない。温室効果ガスに価格をつけ、外部不経済を内部化し、市場の失敗を是正するという炭素価格の考え方自体は正しいからである。

　他方、世界均一の炭素価格が存在しない以上、政策的介入によって人為的に炭素価格を発生させる場合、他国における導入状況などを睨みつつ、国際競争力への影響を十分精査する必要がある。地球温暖化問題には、本来的にフリーライダー問題がつきまとうからである。また、日本には、既に地球温暖化対策税に基づく明示的炭素価格が存在することに加え、エネルギー課税、省エネ規制、再生可能エネルギー導入策、自主行動計画など、多くの既存施策による暗示的炭素価格が存在する。新たな施策の導入をする場合、上乗せ分だけではなく、これらの施策も含めた全体の炭素コストで他国との比較を行うべきであろう。他国に比して過大な炭素価格を国内にのみ強いることにより、国際競争力を失い、日本経済が疲弊し、長期の地球温暖化防止に決定的に重要な技術開発が損なわれることは厳に避けるべきである。

　また、既存の施策との相関関係も整理する必要がある。既存施策には、それぞれの存在理由があり、各国の政策課題が地球温暖化防止のみに限られないことを考えれば、好むと好まざるとにかかわらず、「木に竹を接ぐ」ような形にならざるを得ない。木に竹を接ぐ結果、既存施策の実効性が損なわれたり、新たな炭素価格政策の実効性が削がれたりしないよう、十分な検討が必要だろう。

　既に述べたように日本が長期にわたって温室効果ガスの大幅削減を目指していくというのならば、原子力発電所の新増設と革新的技術開発が不可欠である。再生可能エネルギーの最大導入を図るためには、それに伴うコスト増を吸収するためにも低廉なコストの原子力による化石燃料輸入コス

トの節減を図るとともに、革新的技術開発によって再生可能エネルギーのコスト引き下げと間欠性を克服するための蓄電技術の経済性向上が必要となる。これらは、炭素価格政策だけでは実現不可能であり、それぞれ別途の政策が必要である。「他国がやっているから、右へ倣え。バスに乗り遅れるな」では意味がない。日本が置かれたエネルギー面の課題は、日本固有のものであり、日本にあった現実的政策パッケージが必要なのである。

結びにかえて

　2015年9月に『地球温暖化交渉の真実－武器なき経済戦争』（中央公論新社）を上梓して1年ほどで続編を発表できることを嬉しく思う。京都議定書をめぐる交渉を闘ってきた身からすると、パリ協定の成立は「よくぞここまで」という思いを感ずる。本書前半では、パリ協定の解説や論点を試みているが、筆者自身が交渉に関与したわけではなく、隔靴掻痒の感も否めない。いずれ筆者の後進たちの誰かが交渉に直に参加した立場から臨場感あふれる手記をまとめてくれることを期待している。法律にせよ条約にせよ、最終成果物はもちろん大事だが、どのような経緯で現在の形に落ち着いたかを、きちんと組織的記憶として残しておくことは非常に重要なことだからである。

　パリ協定の成立を心から慶賀しつつ、本書では温度目標を含め、パリ協定の問題点についてもあえて多くの分量を割いたし、国内対策についても巷間よく聞かれる議論の問題点を指摘した。「パリ協定によって世界は変わった。1.5～2℃安定化に向け、滔々たる脱炭素化の動きが始まった。日本は、ドイツのように脱原発をし、再生可能エネルギー中心のエネルギーミックスを構築し、世界に先駆けて高い目標を掲げるべきである。そのために、世界の潮流に遅れず排出量取引、大型炭素税を導入し、低炭素社会を築こう」という「行け行けドンドン」の議論をしばしば耳にする。そういう思いで本書を手にとられた読者は、水をかけられたような思いをされたかもしれない。

　現役交渉官であった時代から筆者の立ち位置は変わっていない。即ち、「地球温暖化防止は、非常に重要な課題である。他方、温室効果ガス削減には必然的にコストを伴う。地球全体の問題を解決するためには、主要排出国間の努力の公平性が必要である。また、地球温暖化防止には、長期の取り組みが必要であり、途中で息切れしないよう政治的、経済的に持続可

能なものでなければならない。日本経済を痛めるような地球温暖化対策は結局、長続きしない。日本の強みを活かしたやり方で臨むべきであり、重要なのは、声高なスローガンではなくプラグマティズムだ」というものである。これは、冒頭の勇ましい議論からすれば現実妥協的、退嬰的と映るかもしれない。しかし、筆者は、交渉の場における美しい建前と本音のギャップをいろいろな局面で体感してきた。環境先進国とされる欧州に身を置いて、日本では報道されない彼らのジレンマも目の当たりにしてきた。だからこそ、威勢のよいだけの議論には疑問を感じるのである。

　福島第一原子力発電所事故以降、「脱原発をしたドイツを見習え。バスに乗り遅れるな」という議論をよく耳にするたびに、妙な連想だが、日独伊三国同盟を主張していた帝国陸軍の姿が目に浮かび、「昔、陸軍、今、環境派」とつぶやいたものである。高い野心を掲げろという精神論や、再生可能エネルギーだけで十分という盲信、周辺国とグリッドで結ばれたドイツとの違いを無視して、ひたすらドイツを崇め奉る舶来信仰で国の地球温暖化政策を進めるわけにはいかない。精神論抜きの、地に足の着いた政策論が必要というのが筆者の切なる思いである。

　「精神論抜きで」というと、『精神論抜きの電力入門』の著者であり、2016年1月に逝去された澤昭裕氏のことが思い出される。思えば本書を執筆するきっかけは、『地球温暖化交渉の真実』で第36回「エネルギーフォーラム賞」優秀賞をいただいたことであった。そして、『地球温暖化交渉の真実』を書く機会をつくってくださったのが澤氏であった。澤氏との出会いは今から34年前、筆者が通商産業省（現・経済産業省）資源エネルギー庁国際資源課に1年生で配属されたときに遡る。澤氏は、その当時、総務課の2年生事務官であった。入省直後の筆者は、失敗ばかりで毎日のように叱られ、意気消沈することも多かったが、澤氏は、ユーモラスな関西弁で緊張をときほぐしてくれる兄貴のような存在であった。19年後、筆者が京都議定書の細目交渉に参加している際、環境政策課長であった澤氏の薫陶を受けた。その頃から澤氏は、京都議定書が地球温暖化防止の枠

組みとして役に立たないものであり、ポスト京都議定書の枠組みは、プレッジ＆レビューを基礎としたボトムアップのものでなければならないと指摘されていた。更に7年後、筆者がポスト京都議定書交渉に首席交渉官で参加していた際、澤氏は、既に経済産業省を退官しておられ、経団連の公共政策のシンクタンクである21世紀政策研究所研究主幹として国際交渉、国内対策について常に鋭い的確なアドバイスをいただいた。ロンドン在勤中もフェースブックなどを通じてお付き合いが続き、澤氏が設立したNPO法人（特定非営利活動法人）国際環境経済研究所に交渉回顧録を書かせていただいた。帰国後、筆者が東京大学に行くことを知って、「組織を離れて二本の足で立っていることは意外に大変なんだ。でも君ならできる。帰国を待っているよ。一緒にいっぱい仕事しよう」と言ってくださり、筆者もそれを楽しみに帰国した。澤氏が膵臓ガンで入院されたのは、それからわずか1カ月後であった。しかし、澤氏の精力的な論考は衰えることなく、COP21でパリに行っている間も、パリ協定について鋭い質問をいくつもいただいた。それから1カ月もしないうちに帰らぬ人となってしまったことが未だに信じられない。筆者が今日、地球温暖化問題について人前で話したり、ものを書いたりするようになったのは、ひとえに澤氏のおかげであるといえる。もっともっと澤氏の謦咳に接したかったとの思いでいっぱいである。

　澤氏が一貫して主張してこられたボトムアップ型の枠組みがパリ協定という形で実現し、焦点が国内対策に移った今日、澤氏が論じたかったこと、訴えたかったことは数え切れないほどあったであろう。浅学菲才の身であり、澤氏のような本質を突いた鋭い論考を展開することは能力に余るが、COP21から戻り、今日に至るまで国際枠組み、国内対策について考えてきたことを筆者なりにまとめたものとして、本書を大恩ある澤氏に捧げたい。澤氏亡きあと、同志として種々の局面で行動をともにしてきたJFEスチール理事で、経団連地球環境委員会国際ワーキンググループ座長の手塚宏之氏、国際環境経済研究所理事で、21世紀政策研究所研究副主幹の

竹内純子氏には、拙稿に目を通していただいた。最後に、拙い原稿を本書に仕上げるに当たっては、刊行出版社であるエネルギーフォーラム取締役社長の志賀正利氏、担当編集者の山田衆三氏に何から何までお世話になった。ここに厚く御礼を申し上げたい。

2016年9月
有馬 純

参考資料

パリ協定採択に関するCOP決定及びパリ協定
〈全文〉

Decision 1/CP.21

Adoption of the Paris Agreement

The Conference of the Parties,

Recalling decision 1/CP.17 on the establishment of the Ad Hoc Working Group on the Durban Platform for Enhanced Action,

Also recalling Articles 2, 3 and 4 of the Convention,

Further recalling relevant decisions of the Conference of the Parties, including decisions 1/CP.16, 2/CP.18, 1/CP.19 and 1/CP.20,

Welcoming the adoption of United Nations General Assembly resolution A/RES/70/1, "Transforming our world: the 2030 Agenda for Sustainable Development", in particular its goal 13, and the adoption of the Addis Ababa Action Agenda of the third International Conference on Financing for Development and the adoption of the Sendai Framework for Disaster Risk Reduction,

Recognizing that climate change represents an urgent and potentially irreversible threat to human societies and the planet and thus requires the widest possible cooperation by all countries, and their participation in an effective and appropriate international response, with a view to accelerating the reduction of global greenhouse gas emissions,

Also recognizing that deep reductions in global emissions will be required in order to achieve the ultimate objective of the Convention and emphasizing the need for urgency in addressing climate change,

Acknowledging that climate change is a common concern of humankind, Parties should, when taking action to address climate change, respect, promote and consider their respective obligations on human rights, the right to health, the rights of indigenous peoples, local communities, migrants, children, persons with disabilities and people in vulnerable situations and the right to development, as well as gender equality, empowerment of women and intergenerational equity,

Also acknowledging the specific needs and concerns of developing country Parties arising from the impact of the implementation of response measures and, in this regard, decisions 5/CP.7, 1/CP.10, 1/CP.16 and 8/CP.17,

Emphasizing with serious concern the urgent need to address the significant gap between the aggregate effect of Parties' mitigation pledges in terms of global annual emissions of greenhouse gases by 2020 and aggregate emission pathways consistent with holding the increase in the global average temperature to well below 2 °C above pre-industrial levels and pursuing efforts to limit the temperature increase to 1.5 °C above pre-industrial levels,

Also emphasizing that enhanced pre-2020 ambition can lay a solid foundation for enhanced post-2020 ambition,

Stressing the urgency of accelerating the implementation of the Convention and its Kyoto Protocol in order to enhance pre-2020 ambition,

Recognizing the urgent need to enhance the provision of finance, technology and capacity-building support by developed country Parties, in a predictable manner, to enable enhanced pre-2020 action by developing country Parties,

Emphasizing the enduring benefits of ambitious and early action, including major reductions in the cost of future mitigation and adaptation efforts,

Acknowledging the need to promote universal access to sustainable energy in developing countries, in particular in Africa, through the enhanced deployment of renewable energy,

Agreeing to uphold and promote regional and international cooperation in order to mobilize stronger and more ambitious climate action by all Parties and non-Party stakeholders, including civil society, the private sector, financial institutions, cities and other subnational authorities, local communities and indigenous peoples,

I. Adoption

1. Decides to adopt the Paris Agreement under the United Nations Framework Convention on Climate Change (hereinafter referred to as "the Agreement") as contained in the annex;
2. Requests the Secretary-General of the United Nations to be the Depositary of the Agreement and to have it open for signature in New York, United States of America, from 22 April 2016 to 21 April 2017;

3. Invites the Secretary-General to convene a high-level signature ceremony for the Agreement on 22 April 2016;

4. Also invites all Parties to the Convention to sign the Agreement at the ceremony to be convened by the Secretary-General, or at their earliest opportunity, and to deposit their respective instruments of ratification, acceptance, approval or accession, where appropriate, as soon as possible;

5. Recognizes that Parties to the Convention may provisionally apply all of the provisions of the Agreement pending its entry into force, and requests Parties to provide notification of any such provisional application to the Depositary;

6. Notes that the work of the Ad Hoc Working Group on the Durban Platform for Enhanced Action, in accordance with decision 1/CP.17, paragraph 4, has been completed;

7. Decides to establish the Ad Hoc Working Group on the Paris Agreement under the same arrangement, mutatis mutandis, as those concerning the election of officers to the Bureau of the Ad Hoc Working Group on the Durban Platform for Enhanced Action;[1]

8. Also decides that the Ad Hoc Working Group on the Paris Agreement shall prepare for the entry into force of the Agreement and for the convening of the first session of the Conference of the Parties serving as the meeting of the Parties to the Paris Agreement;

9. Further decides to oversee the implementation of the work programme resulting from the relevant requests contained in this decision;

10. Requests the Ad Hoc Working Group on the Paris Agreement to report regularly to the Conference of the Parties on the progress of its work and to complete its work by the first session of the Conference of the Parties serving as the meeting of the Parties to the Paris Agreement;

11. Decides that the Ad Hoc Working Group on the Paris Agreement shall hold its sessions starting in 2016 in conjunction with the sessions of the Convention subsidiary bodies and shall prepare draft decisions to be recommended through the Conference of the Parties to the Conference of the Parties serving as the meeting of the Parties to the Paris Agreement for consideration and adoption at its first session;

II. Intended nationally determined contributions

12. Welcomes the intended nationally determined contributions that have been communicated by Parties in accordance with decision 1/CP.19, paragraph 2(b);
13. Reiterates its invitation to all Parties that have not yet done so to communicate to the secretariat their intended nationally determined contributions towards achieving the objective of the Convention as set out in its Article 2 as soon as possible and well in advance of the twenty-second session of the Conference of the Parties (November 2016) and in a manner that facilitates the clarity, transparency and understanding of the intended nationally determined contributions;
14. Requests the secretariat to continue to publish the intended nationally determined contributions communicated by Parties on the UNFCCC website;
15. Reiterates its call to developed country Parties, the operating entities of the Financial Mechanism and any other organizations in a position to do so to provide support for the preparation and communication of the intended nationally determined contributions of Parties that may need such support;
16. Takes note of the synthesis report on the aggregate effect of intended nationally determined contributions communicated by Parties by 1 October 2015, contained in document FCCC/CP/2015/7;
17. Notes with concern that the estimated aggregate greenhouse gas emission levels in 2025 and 2030 resulting from the intended nationally determined contributions do not fall within least-cost 2 ?C scenarios but rather lead to a projected level of 55 gigatonnes in 2030, and also notes that much greater emission reduction efforts will be required than those associated with the intended nationally determined contributions in order to hold the increase in the global average temperature to below 2 ?C above pre-industrial levels by reducing emissions to 40 gigatonnes or to 1.5 ?C above pre-industrial levels by reducing to a level to be identified in the special report referred to in paragraph 21 below;
18. Further notes, in this context, the adaptation needs expressed by many developing country Parties in their intended nationally determined contributions;
19. Requests the secretariat to update the synthesis report referred to in paragraph 16 above so as to cover all the information in the intended nationally determined contributions communicated by Parties pursuant to decision 1/CP.20 by 4 April 2016 and to make it available by 2 May 2016;
20. Decides to convene a facilitative dialogue among Parties in 2018 to take stock

of the collective efforts of Parties in relation to progress towards the long-term goal referred to in Article 4, paragraph 1, of the Agreement and to inform the preparation of nationally determined contributions pursuant to Article 4, paragraph 8, of the Agreement;

21. Invites the Intergovernmental Panel on Climate Change to provide a special report in 2018 on the impacts of global warming of 1.5 °C above pre-industrial levels and related global greenhouse gas emission pathways;

III. Decisions to give effect to the Agreement

Mitigation

22. Also invites Parties to communicate their first nationally determined contribution no later than when the Party submits its respective instrument of ratification, acceptance, approval or accession of the Paris Agreement; if a Party has communicated an intended nationally determined contribution prior to joining the Agreement, that Party shall be considered to have satisfied this provision unless that Party decides otherwise;

23. Requests those Parties whose intended nationally determined contribution pursuant to decision 1/CP.20 contains a time frame up to 2025 to communicate by 2020 a new nationally determined contribution and to do so every five years thereafter pursuant to Article 4, paragraph 9, of the Agreement;

24. Also requests those Parties whose intended nationally determined contribution pursuant to decision 1/CP.20 contains a time frame up to 2030 to communicate or update by 2020 these contributions and to do so every five years thereafter pursuant to Article 4, paragraph 9, of the Agreement;

25. Decides that Parties shall submit to the secretariat their nationally determined contributions referred to in Article 4 of the Agreement at least 9 to 12 months in advance of the relevant session of the Conference of the Parties serving as the meeting of the Parties to the Paris Agreement with a view to facilitating the clarity, transparency and understanding of these contributions, including through a synthesis report prepared by the secretariat;

26. Requests the Ad Hoc Working Group on the Paris Agreement to develop further guidance on features of the nationally determined contributions for consideration and adoption by the Conference of the Parties serving as the meeting of the Parties to the Paris Agreement at its first session;

27. Agrees that the information to be provided by Parties communicating their nationally determined contributions, in order to facilitate clarity, transparency and understanding, may include, as appropriate, inter alia, quantifiable information on the reference point (including, as appropriate, a base year), time frames and/or periods for implementation, scope and coverage, planning processes, assumptions and methodological approaches including those for estimating and accounting for anthropogenic greenhouse gas emissions and, as appropriate, removals, and how the Party considers that its nationally determined contribution is fair and ambitious, in the light of its national circumstances, and how it contributes towards achieving the objective of the Convention as set out in its Article 2;

28. Requests the Ad Hoc Working Group on the Paris Agreement to develop further guidance for the information to be provided by Parties in order to facilitate clarity, transparency and understanding of nationally determined contributions for consideration and adoption by the Conference of the Parties serving as the meeting of the Parties to the Paris Agreement at its first session;

29. Also requests the Subsidiary Body for Implementation to develop modalities and procedures for the operation and use of the public registry referred to in Article 4, paragraph 12, of the Agreement, for consideration and adoption by the Conference of the Parties serving as the meeting of the Parties to the Paris Agreement at its first session;

30. Further requests the secretariat to make available an interim public registry in the first half of 2016 for the recording of nationally determined contributions submitted in accordance with Article 4 of the Agreement, pending the adoption by the Conference of the Parties serving as the meeting of the Parties to the Paris Agreement of the modalities and procedures referred to in paragraph 29 above;

31. Requests the Ad Hoc Working Group on the Paris Agreement to elaborate, drawing from approaches established under the Convention and its related legal instruments as appropriate, guidance for accounting for Parties' nationally determined contributions, as referred to in Article 4, paragraph 13, of the Agreement, for consideration and adoption by the Conference of the Parties serving as the meeting of the Parties to the Paris Agreement at its first session, which ensures that:

(a) Parties account for anthropogenic emissions and removals in accordance with methodologies and common metrics assessed by the Intergovernmental Panel on Climate Change and adopted by the Conference of the Parties serving as the meeting of the Parties to the Paris Agreement;

(b) Parties ensure methodological consistency, including on baselines, between the communication and implementation of nationally determined contributions;

(c) Parties strive to include all categories of anthropogenic emissions or removals in their nationally determined contributions and, once a source, sink or activity is included, continue to include it;

(d) Parties shall provide an explanation of why any categories of anthropogenic emissions or removals are excluded;

32. Decides that Parties shall apply the guidance referred to in paragraph 31 above to the second and subsequent nationally determined contributions and that Parties may elect to apply such guidance to their first nationally determined contribution;

33. Also decides that the forum on the impact of the implementation of response measures, under the subsidiary bodies, shall continue, and shall serve the Agreement;

34. Further decides that the Subsidiary Body for Scientific and Technological Advice and the Subsidiary Body for Implementation shall recommend, for consideration and adoption by the Conference of the Parties serving as the meeting of the Parties to the Paris Agreement at its first session, the modalities, work programme and functions of the forum on the impact of the implementation of response measures to address the effects of the implementation of response measures under the Agreement by enhancing cooperation amongst Parties on understanding the impacts of mitigation actions under the Agreement and the exchange of information, experiences, and best practices amongst Parties to raise their resilience to these impacts;

35. Invites Parties to communicate, by 2020, to the secretariat mid-century, long-term low greenhouse gas emission development strategies in accordance with Article 4, paragraph 19, of the Agreement, and requests the secretariat to publish on the UNFCCC website Parties' low greenhouse gas emission development strategies as communicated;

36. Requests the Subsidiary Body for Scientific and Technological Advice to develop and recommend the guidance referred to under Article 6, paragraph 2, of the Agreement for consideration and adoption by the Conference of the Parties serving as the meeting of the Parties to the Paris Agreement at its first session, including guidance to ensure that double counting is avoided on the basis of a corresponding adjustment by Parties for both anthropogenic emissions by sources and removals by sinks covered by their nationally determined contributions under the Agreement;

37. Recommends that the Conference of the Parties serving as the meeting of the Parties to the Paris Agreement adopt rules, modalities and procedures for the mechanism established by Article 6, paragraph 4, of the Agreement on the basis of:

(a) Voluntary participation authorized by each Party involved;
(b) Real, measurable, and long-term benefits related to the mitigation of climate change;
(c) Specific scopes of activities;
(d) Reductions in emissions that are additional to any that would otherwise occur;
(e) Verification and certification of emission reductions resulting from mitigation activities by designated operational entities;
(f) Experience gained with and lessons learned from existing mechanisms and approaches adopted under the Convention and its related legal instruments;

38. Requests the Subsidiary Body for Scientific and Technological Advice to develop and recommend rules, modalities and procedures for the mechanism referred to in paragraph 37 above for consideration and adoption by the Conference of the Parties serving as the meeting of the Parties to the Paris Agreement at its first session;

39. Also requests the Subsidiary Body for Scientific and Technological Advice to undertake a work programme under the framework for non-market approaches to sustainable development referred to in Article 6, paragraph 8, of the Agreement, with the objective of considering how to enhance linkages and create synergy between, inter alia, mitigation, adaptation, finance, technology transfer and capacity-building, and how to facilitate the implementation and coordination of non-market approaches;

40. Further requests the Subsidiary Body for Scientific and Technological Advice to recommend a draft decision on the work programme referred to in paragraph 39 above, taking into account the views of Parties, for consideration and adoption by the Conference of the Parties serving as the meeting of the Parties to the Paris Agreement at its first session;

Adaptation

41. Requests the Adaptation Committee and the Least Developed Countries Expert Group to jointly develop modalities to recognize the adaptation efforts of developing country Parties, as referred to in Article 7, paragraph 3, of the Agreement, and make recommendations for consideration and adoption by the Conference of the Parties serving as the meeting of the Parties to the Paris Agreement at its first session;

42. Also requests the Adaptation Committee, taking into account its mandate and its second three-year workplan, and with a view to preparing recommendations for consideration and adoption by the Conference of the Parties serving as the meeting of the Parties to the Paris Agreement at its first session:

(a) To review, in 2017, the work of adaptation-related institutional arrangements under the Convention, with a view to identifying ways to enhance the coherence of their work, as appropriate, in order to respond adequately to the needs of Parties;

(b) To consider methodologies for assessing adaptation needs with a view to assisting developing country Parties, without placing an undue burden on them;

43. Invites all relevant United Nations agencies and international, regional and national financial institutions to provide information to Parties through the secretariat on how their development assistance and climate finance programmes incorporate climate-proofing and climate resilience measures;

44. Requests Parties to strengthen regional cooperation on adaptation where appropriate and, where necessary, establish regional centres and networks, in particular in developing countries, taking into account decision 1/CP.16, paragraph 30;

45. Also requests the Adaptation Committee and the Least Developed Countries Expert Group, in collaboration with the Standing Committee on Finance and other relevant institutions, to develop methodologies, and make recommendations for consideration and adoption by the Conference of the Parties serving as the meeting of the Parties to the Paris Agreement at its first session on:

(a) Taking the necessary steps to facilitate the mobilization of support for adaptation in developing countries in the context of the limit to global average temperature increase referred to in Article 2 of the Agreement;

(b) Reviewing the adequacy and effectiveness of adaptation and support referred to in Article 7, paragraph 14(c), of the Agreement;

46. Further requests the Green Climate Fund to expedite support for the least developed countries and other developing country Parties for the formulation of national adaptation plans, consistent with decisions 1/CP.16 and 5/CP.17, and for the subsequent implementation of policies, projects and programmes identified by them;

Loss and damage

47. Decides on the continuation of the Warsaw International Mechanism for Loss and Damage associated with Climate Change Impacts, following the review in 2016;

48. Requests the Executive Committee of the Warsaw International Mechanism to establish a clearing house for risk transfer that serves as a repository for information on insurance and risk transfer, in order to facilitate the efforts of Parties to develop and implement comprehensive risk management strategies;

49. Also requests the Executive Committee of the Warsaw International Mechanism

to establish, according to its procedures and mandate, a task force to complement, draw upon the work of and involve, as appropriate, existing bodies and expert groups under the Convention including the Adaptation Committee and the Least Developed Countries Expert Group, as well as relevant organizations and expert bodies outside the Convention, to develop recommendations for integrated approaches to avert, minimize and address displacement related to the adverse impacts of climate change;

50. Further requests the Executive Committee of the Warsaw International Mechanism to initiate its work, at its next meeting, to operationalize the provisions referred to in paragraphs 48 and 49 above, and to report on progress thereon in its annual report;

51. Agrees that Article 8 of the Agreement does not involve or provide a basis for any liability or compensation;

Finance

52. Decides that, in the implementation of the Agreement, financial resources provided to developing country Parties should enhance the implementation of their policies, strategies, regulations and action plans and their climate change actions with respect to both mitigation and adaptation to contribute to the achievement of the purpose of the Agreement as defined in its Article 2;

53. Also decides that, in accordance with Article 9, paragraph 3, of the Agreement, developed countries intend to continue their existing collective mobilization goal through 2025 in the context of meaningful mitigation actions and transparency on implementation; prior to 2025 the Conference of the Parties serving as the meeting of the Parties to the Paris Agreement shall set a new collective quantified goal from a floor of USD 100 billion per year, taking into account the needs and priorities of developing countries;

54. Recognizes the importance of adequate and predictable financial resources, including for results-based payments, as appropriate, for the implementation of policy approaches and positive incentives for reducing emissions from deforestation and forest degradation, and the role of conservation, sustainable management of forests and enhancement of forest carbon stocks; as well as alternative policy approaches, such as joint mitigation and adaptation approaches for the integral and sustainable management of forests; while reaffirming the importance of non-carbon benefits associated with such approaches; encouraging the coordination of support from, inter alia, public and private, bilateral and multilateral sources, such as the Green Climate Fund, and alternative sources in accordance with relevant decisions by the Conference of the

Parties;

55. Decides to initiate, at its twenty-second session, a process to identify the information to be provided by Parties, in accordance with Article 9, paragraph 5, of the Agreement with a view to providing a recommendation for consideration and adoption by the Conference of the Parties serving as the meeting of the Parties to the Paris Agreement at its first session;

56. Also decides to ensure that the provision of information in accordance with Article 9, paragraph 7, of the Agreement shall be undertaken in accordance with the modalities, procedures and guidelines referred to in paragraph 91 below;

57. Requests the Subsidiary Body for Scientific and Technological Advice to develop modalities for the accounting of financial resources provided and mobilized through public interventions in accordance with Article 9, paragraph 7, of the Agreement for consideration by the Conference of the Parties at its twenty-fourth session (November 2018), with a view to making a recommendation for consideration and adoption by the Conference of the Parties serving as the meeting of the Parties to the Paris Agreement at its first session;

58. Decides that the Green Climate Fund and the Global Environment Facility, the entities entrusted with the operation of the Financial Mechanism of the Convention, as well as the Least Developed Countries Fund and the Special Climate Change Fund, administered by the Global Environment Facility, shall serve the Agreement;

59. Recognizes that the Adaptation Fund may serve the Agreement, subject to relevant decisions by the Conference of the Parties serving as the meeting of the Parties to the Kyoto Protocol and the Conference of the Parties serving as the meeting of the Parties to the Paris Agreement;

60. Invites the Conference of the Parties serving as the meeting of the Parties to the Kyoto Protocol to consider the issue referred to in paragraph 59 above and make a recommendation to the Conference of the Parties serving as the meeting of the Parties to the Paris Agreement at its first session;

61. Recommends that the Conference of the Parties serving as the meeting of the Parties to the Paris Agreement shall provide guidance to the entities entrusted with the operation of the Financial Mechanism of the Convention on the policies, programme priorities and eligibility criteria related to the Agreement for transmission by the Conference of the Parties;

62. Decides that the guidance to the entities entrusted with the operations of the Financial Mechanism of the Convention in relevant decisions of the Conference of the

Parties, including those agreed before adoption of the Agreement, shall apply mutatis mutandis to the Agreement;

63. Also decides that the Standing Committee on Finance shall serve the Agreement in line with its functions and responsibilities established under the Conference of the Parties;

64. Urges the institutions serving the Agreement to enhance the coordination and delivery of resources to support country-driven strategies through simplified and efficient application and approval procedures, and through continued readiness support to developing country Parties, including the least developed countries and small island developing States, as appropriate;

Technology development and transfer

65. Takes note of the interim report of the Technology Executive Committee on guidance on enhanced implementation of the results of technology needs assessments as contained in document FCCC/SB/2015/INF.3;

66. Decides to strengthen the Technology Mechanism and requests the Technology Executive Committee and the Climate Technology Centre and Network, in supporting the implementation of the Agreement, to undertake further work relating to, inter alia:

(a) Technology research, development and demonstration;

(b) The development and enhancement of endogenous capacities and technologies;

67. Requests the Subsidiary Body for Scientific and Technological Advice to initiate, at its forty-fourth session (May 2016), the elaboration of the technology framework established under Article 10, paragraph 4, of the Agreement and to report on its findings to the Conference of the Parties, with a view to the Conference of the Parties making a recommendation on the framework to the Conference of the Parties serving as the meeting of the Parties to the Paris Agreement for consideration and adoption at its first session, taking into consideration that the framework should facilitate, inter alia:

(a) The undertaking and updating of technology needs assessments, as well as the enhanced implementation of their results, particularly technology action plans and project ideas, through the preparation of bankable projects;

(b) The provision of enhanced financial and technical support for the implementation of the results of the technology needs assessments;

(c) The assessment of technologies that are ready for transfer;

(d) The enhancement of enabling environments for and the addressing of barriers to the development and transfer of socially and environmentally sound technologies;

68. Decides that the Technology Executive Committee and the Climate Technology Centre and Network shall report to the Conference of the Parties serving as the meeting of the Parties to the Paris Agreement, through the subsidiary bodies, on their activities to support the implementation of the Agreement;

69. Also decides to undertake a periodic assessment of the effectiveness and adequacy of the support provided to the Technology Mechanism in supporting the implementation of the Agreement on matters relating to technology development and transfer;

70. Requests the Subsidiary Body for Implementation to initiate, at its forty-fourth session, the elaboration of the scope of and modalities for the periodic assessment referred to in paragraph 69 above, taking into account the review of the Climate Technology Centre and Network as referred to in decision 2/CP.17, annex VII, paragraph 20, and the modalities for the global stocktake referred to in Article 14 of the Agreement, for consideration and adoption by the Conference of the Parties at its twenty-fifth session (November 2019);

Capacity-building

71. Decides to establish the Paris Committee on Capacity-building whose aim will be to address gaps and needs, both current and emerging, in implementing capacity-building in developing country Parties and further enhancing capacity-building efforts, including with regard to coherence and coordination in capacity-building activities under the Convention;

72. Also decides that the Paris Committee on Capacity-building will manage and oversee the workplan referred to in paragraph 73 below;

73. Further decides to launch a workplan for the period 2016?2020 with the following activities:

(a) Assessing how to increase synergies through cooperation and avoid duplication among existing bodies established under the Convention that implement capacity-building activities, including through collaborating with institutions under and outside the Convention;

(b) Identifying capacity gaps and needs and recommending ways to address them;

(c) Promoting the development and dissemination of tools and methodologies for the implementation of capacity-building;

(d) Fostering global, regional, national and subnational cooperation;

(e) Identifying and collecting good practices, challenges, experiences and lessons

learned from work on capacity-building by bodies established under the Convention;
(f) Exploring how developing country Parties can take ownership of building and maintaining capacity over time and space;
(g) Identifying opportunities to strengthen capacity at the national, regional and subnational level;
(h) Fostering dialogue, coordination, collaboration and coherence among relevant processes and initiatives under the Convention, including through exchanging information on capacity-building activities and strategies of bodies established under the Convention;
(i) Providing guidance to the secretariat on the maintenance and further development of the web-based capacity-building portal;
74. Decides that the Paris Committee on Capacity-building will annually focus on an area or theme related to enhanced technical exchange on capacity-building, with the purpose of maintaining up-to-date knowledge on the successes and challenges in building capacity effectively in a particular area;
75. Requests the Subsidiary Body for Implementation to organize annual in-session meetings of the Paris Committee on Capacity-building;
76. Also requests the Subsidiary Body for Implementation to develop the terms of reference for the Paris Committee on Capacity-building, in the context of the third comprehensive review of the implementation of the capacity-building framework, also taking into account paragraphs 71?75 above and paragraphs 79 and 80 below, with a view to recommending a draft decision on this matter for consideration and adoption by the Conference of the Parties at its twenty-second session;
77. Invites Parties to submit their views on the membership of the Paris Committee on Capacity-building by 9 March 2016;[2]
78. Requests the secretariat to compile the submissions referred to in paragraph 77 above into a miscellaneous document for consideration by the Subsidiary Body for Implementation at its forty-fourth session;
79. Decides that the inputs to the Paris Committee on Capacity-building will include, inter alia, submissions, the outcome of the third comprehensive review of the implementation of the capacity-building framework, the secretariat's annual synthesis report on the implementation of the framework for capacity-building in developing countries, the secretariat's compilation and synthesis report on capacity-building work of bodies established under the Convention and its Kyoto Protocol, and reports on the Durban Forum and the capacity-building portal;

80. Requests the Paris Committee on Capacity-building to prepare annual technical progress reports on its work, and to make these reports available at the sessions of the Subsidiary Body for Implementation coinciding with the sessions of the Conference of the Parties;

81. Decides, at its twenty-fifth session, to review the progress, need for extension, the effectiveness and enhancement of the Paris Committee on Capacity-building and to take any action it considers appropriate, with a view to making recommendations to the Conference of the Parties serving as the meeting of the Parties to the Paris Agreement at its first session on enhancing institutional arrangements for capacity-building consistent with Article 11, paragraph 5, of the Agreement;

82. Calls upon all Parties to ensure that education, training and public awareness, as reflected in Article 6 of the Convention and in Article 12 of the Agreement, are adequately considered in their contribution to capacity-building;

83. Invites the Conference of the Parties serving as the meeting of the Parties to the Paris Agreement, at its first session, to explore ways of enhancing the implementation of training, public awareness, public participation and public access to information so as to enhance actions under the Agreement;

Transparency of action and support

84. Decides to establish a Capacity-building Initiative for Transparency in order to build institutional and technical capacity, both pre- and post-2020; this initiative will support developing country Parties, upon request, in meeting enhanced transparency requirements as defined in Article 13 of the Agreement in a timely manner;

85. Also decides that the Capacity-building Initiative for Transparency will aim:

(a) To strengthen national institutions for transparency-related activities in line with national priorities;

(b) To provide relevant tools, training and assistance for meeting the provisions stipulated in Article 13 of the Agreement;

(c) To assist in the improvement of transparency over time;

86. Urges and requests the Global Environment Facility to make arrangements to support the establishment and operation of the Capacity-building Initiative for Transparency as a priority reporting-related need, including through voluntary contributions to support developing country Parties in the sixth replenishment of the Global Environment Facility and future replenishment cycles, to complement existing support under the Global Environment Facility;

87. Decides to assess the implementation of the Capacity-building Initiative for Transparency in the context of the seventh review of the Financial Mechanism;

88. Requests that the Global Environment Facility, as an operating entity of the Financial Mechanism, include in its annual report to the Conference of the Parties the progress of work in the design, development and implementation of the Capacity-building Initiative for Transparency referred to in paragraph 84 above starting in 2016;

89. Decides that, in accordance with Article 13, paragraph 2, of the Agreement, developing country Parties shall be provided flexibility in the implementation of the provisions of that Article, including in the scope, frequency and level of detail of reporting, and in the scope of review, and that the scope of review could provide for in-country reviews to be optional, while such flexibilities shall be reflected in the development of modalities, procedures and guidelines referred to in paragraph 91 below;

90. Also decides that all Parties, except for the least developed country Parties and small island developing States, shall submit the information referred to in Article 13, paragraphs 7, 8, 9 and 10, of the Agreement, as appropriate, no less frequently than on a biennial basis, and that the least developed country Parties and small island developing States may submit this information at their discretion;

91. Requests the Ad Hoc Working Group on the Paris Agreement to develop recommendations for modalities, procedures and guidelines in accordance with Article 13, paragraph 13, of the Agreement, and to define the year of their first and subsequent review and update, as appropriate, at regular intervals, for consideration by the Conference of the Parties, at its twenty-fourth session, with a view to forwarding them to the Conference of the Parties serving as the meeting of the Parties to the Paris Agreement for consideration and adoption at its first session;

92. Also requests the Ad Hoc Working Group on the Paris Agreement, in developing the recommendations for the modalities, procedures and guidelines referred to in paragraph 91 above, to take into account, inter alia:

(a) The importance of facilitating improved reporting and transparency over time;

(b) The need to provide flexibility to those developing country Parties that need it in the light of their capacities;

(c) The need to promote transparency, accuracy, completeness, consistency and comparability;

(d) The need to avoid duplication as well as undue burden on Parties and the secretariat;

(e) The need to ensure that Parties maintain at least the frequency and quality of reporting in accordance with their respective obligations under the Convention;

(f) The need to ensure that double counting is avoided;

(g) The need to ensure environmental integrity;

93. Further requests the Ad Hoc Working Group on the Paris Agreement, in developing the modalities, procedures and guidelines referred to in paragraph 91 above, to draw on the experiences from and take into account other ongoing relevant processes under the Convention;

94. Requests the Ad Hoc Working Group on the Paris Agreement, in developing the modalities, procedures and guidelines referred to in paragraph 91 above, to consider, inter alia:

(a) The types of flexibility available to those developing country Parties that need it on the basis of their capacities;

(b) The consistency between the methodology communicated in the nationally determined contribution and the methodology for reporting on progress made towards achieving individual Parties' respective nationally determined contribution;

(c) That Parties report information on adaptation action and planning including, if appropriate, their national adaptation plans, with a view to collectively exchanging information and sharing lessons learned;

(d) Support provided, enhancing delivery of support for both adaptation and mitigation through, inter alia, the common tabular formats for reporting support, and taking into account issues considered by the Subsidiary Body for Scientific and Technological Advice on methodologies for reporting on financial information, and enhancing the reporting by developing country Parties on support received, including the use, impact and estimated results thereof;

(e) Information in the biennial assessments and other reports of the Standing Committee on Finance and other relevant bodies under the Convention;

(f) Information on the social and economic impact of response measures;

95. Also requests the Ad Hoc Working Group on the Paris Agreement, in developing recommendations for the modalities, procedures and guidelines referred to in paragraph 91 above, to enhance the transparency of support provided in accordance with Article 9 of the Agreement;

96. Further requests the Ad Hoc Working Group on the Paris Agreement to report on the progress of work on the modalities, procedures and guidelines referred to in paragraph 91 above to future sessions of the Conference of the Parties, and that this work be concluded no later than 2018;

97. Decides that the modalities, procedures and guidelines developed under paragraph 91 above shall be applied upon the entry into force of the Paris Agreement;
98. Also decides that the modalities, procedures and guidelines of this transparency framework shall build upon and eventually supersede the measurement, reporting and verification system established by decision 1/CP.16, paragraphs 40?47 and 60?64, and decision 2/CP.17, paragraphs 12?62, immediately following the submission of the final biennial reports and biennial update reports;

Global stocktake

99. Requests the Ad Hoc Working Group on the Paris Agreement to identify the sources of input for the global stocktake referred to in Article 14 of the Agreement and to report to the Conference of the Parties, with a view to the Conference of the Parties making a recommendation to the Conference of the Parties serving as the meeting of the Parties to the Paris Agreement for consideration and adoption at its first session, including, but not limited to:
(a) Information on:
(i) The overall effect of the nationally determined contributions communicated by Parties;
(ii) The state of adaptation efforts, support, experiences and priorities from the communications referred to in Article 7, paragraphs 10 and 11, of the Agreement, and reports referred to in Article 13, paragraph 8, of the Agreement;
(iii) The mobilization and provision of support;
(b) The latest reports of the Intergovernmental Panel on Climate Change;
(c) Reports of the subsidiary bodies;
100. Also requests the Subsidiary Body for Scientific and Technological Advice to provide advice on how the assessments of the Intergovernmental Panel on Climate Change can inform the global stocktake of the implementation of the Agreement pursuant to its Article 14 and to report on this matter to the Ad Hoc Working Group on the Paris Agreement at its second session;
101. Further requests the Ad Hoc Working Group on the Paris Agreement to develop modalities for the global stocktake referred to in Article 14 of the Agreement and to report to the Conference of the Parties, with a view to the Conference of the Parties making a recommendation to the Conference of the Parties serving as the meeting of the Parties to the Paris Agreement for consideration and adoption at its first session;

Facilitating implementation and compliance

102. Decides that the committee referred to in Article 15, paragraph 2, of the Agreement shall consist of 12 members with recognized competence in relevant scientific, technical, socioeconomic or legal fields, to be elected by the Conference of the Parties serving as the meeting of the Parties to the Paris Agreement on the basis of equitable geographical representation, with two members each from the five regional groups of the United Nations and one member each from the small island developing States and the least developed countries, while taking into account the goal of gender balance;

103. Requests the Ad Hoc Working Group on the Paris Agreement to develop the modalities and procedures for the effective operation of the committee referred to in Article 15, paragraph 2, of the Agreement, with a view to the Ad Hoc Working Group on the Paris Agreement completing its work on such modalities and procedures for consideration and adoption by the Conference of the Parties serving as the meeting of the Parties to the Paris Agreement at its first session;

Final clauses

104. Also requests the secretariat, solely for the purposes of Article 21 of the Agreement, to make available on its website on the date of adoption of the Agreement as well as in the report of the Conference of the Parties on its twenty-first session, information on the most up-to-date total and per cent of greenhouse gas emissions communicated by Parties to the Convention in their national communications, greenhouse gas inventory reports, biennial reports or biennial update reports;

IV. Enhanced action prior to 2020

105. Resolves to ensure the highest possible mitigation efforts in the pre-2020 period, including by:

(a) Urging all Parties to the Kyoto Protocol that have not already done so to ratify and implement the Doha Amendment to the Kyoto Protocol;

(b) Urging all Parties that have not already done so to make and implement a mitigation pledge under the Cancun Agreements;

(c) Reiterating its resolve, as set out in decision 1/CP.19, paragraphs 3 and 4, to accelerate the full implementation of the decisions constituting the agreed outcome pursuant to decision 1/CP.13 and enhance ambition in the pre-2020 period in order to ensure

the highest possible mitigation efforts under the Convention by all Parties;
(d) Inviting developing country Parties that have not submitted their first biennial update reports to do so as soon as possible;
(e) Urging all Parties to participate in the existing measurement, reporting and verification processes under the Cancun Agreements, in a timely manner, with a view to demonstrating progress made in the implementation of their mitigation pledges;
106. Encourages Parties to promote the voluntary cancellation by Party and non-Party stakeholders, without double counting, of units issued under the Kyoto Protocol, including certified emission reductions that are valid for the second commitment period;
107. Urges host and purchasing Parties to report transparently on internationally transferred mitigation outcomes, including outcomes used to meet international pledges, and emission units issued under the Kyoto Protocol with a view to promoting environmental integrity and avoiding double counting;
108. Recognizes the social, economic and environmental value of voluntary mitigation actions and their co-benefits for adaptation, health and sustainable development;
109. Resolves to strengthen, in the period 2016?2020, the existing technical examination process on mitigation as defined in decision 1/CP.19, paragraph 5(a), and decision 1/CP.20, paragraph 19, taking into account the latest scientific knowledge, including by:
(a) Encouraging Parties, Convention bodies and international organizations to engage in this process, including, as appropriate, in cooperation with relevant non-Party stakeholders, to share their experiences and suggestions, including from regional events, and to cooperate in facilitating the implementation of policies, practices and actions identified during this process in accordance with national sustainable development priorities;
(b) Striving to improve, in consultation with Parties, access to and participation in this process by developing country Party and non-Party experts;
(c) Requesting the Technology Executive Committee and the Climate Technology Centre and Network in accordance with their respective mandates:
(i) To engage in the technical expert meetings and enhance their efforts to facilitate and support Parties in scaling up the implementation of policies, practices and actions identified during this process;
(ii) To provide regular updates during the technical expert meetings on the progress made in facilitating the implementation of policies, practices and actions previously

identified during this process;

(iii) To include information on their activities under this process in their joint annual report to the Conference of the Parties;

(d) Encouraging Parties to make effective use of the Climate Technology Centre and Network to obtain assistance to develop economically, environmentally and socially viable project proposals in the high mitigation potential areas identified in this process;

110. Encourages the operating entities of the Financial Mechanism of the Convention to engage in the technical expert meetings and to inform participants of their contribution to facilitating progress in the implementation of policies, practices and actions identified during the technical examination process;

111. Requests the secretariat to organize the process referred to in paragraph 109 above and disseminate its results, including by:

(a) Organizing, in consultation with the Technology Executive Committee and relevant expert organizations, regular technical expert meetings focusing on specific policies, practices and actions representing best practices and with the potential to be scalable and replicable;

(b) Updating, on an annual basis, following the meetings referred to in paragraph 111(a) above and in time to serve as input to the summary for policymakers referred to in paragraph 111(c) below, a technical paper on the mitigation benefits and co-benefits of policies, practices and actions for enhancing mitigation ambition, as well as on options for supporting their implementation, information on which should be made available in a user-friendly online format;

(c) Preparing, in consultation with the champions referred to in paragraph 121 below, a summary for policymakers, with information on specific policies, practices and actions representing best practices and with the potential to be scalable and replicable, and on options to support their implementation, as well as on relevant collaborative initiatives, and publishing the summary at least two months in advance of each session of the Conference of the Parties as input for the high-level event referred to in paragraph 120 below;

112. Decides that the process referred to in paragraph 109 above should be organized jointly by the Subsidiary Body for Implementation and the Subsidiary Body for Scientific and Technological Advice and should take place on an ongoing basis until 2020;

113. Also decides to conduct in 2017 an assessment of the process referred to in paragraph 109 above so as to improve its effectiveness;

114. Resolves to enhance the provision of urgent and adequate finance, technology and

capacity-building support by developed country Parties in order to enhance the level of ambition of pre-2020 action by Parties, and in this regard?strongly urges?developed country Parties to scale up their level of financial support, with a concrete road map to achieve the goal of jointly providing USD 100 billion annually by 2020 for mitigation and adaptation while significantly increasing adaptation finance from current levels and to further provide appropriate technology and capacity-building support;

115. Decides to conduct a facilitative dialogue in conjunction with the twenty-second session of the Conference of the Parties to assess the progress in implementing decision 1/CP.19, paragraphs 3 and 4, and identify relevant opportunities to enhance the provision of financial resources, including for technology development and transfer, and capacity-building support, with a view to identifying ways to enhance the ambition of mitigation efforts by all Parties, including identifying relevant opportunities to enhance the provision and mobilization of support and enabling environments;

116. Acknowledges with appreciation the results of the Lima-Paris Action Agenda, which build on the climate summit convened on 23 September 2014 by the Secretary-General of the United Nations;

117. Welcomes the efforts of non-Party stakeholders to scale up their climate actions, and encourages the registration of those actions in the Non-State Actor Zone for Climate Action platform;[3]

118. Encourages Parties to work closely with non-Party stakeholders to catalyse efforts to strengthen mitigation and adaptation action;

119. Also encourages non-Party stakeholders to increase their engagement in the processes referred to in paragraph 109 above and paragraph 124 below;

120. Agrees to convene, pursuant to decision 1/CP.20, paragraph 21, building on the Lima-Paris Action Agenda and in conjunction with each session of the Conference of the Parties during the period 2016?2020, a high-level event that:

(a) Further strengthens high-level engagement on the implementation of policy options and actions arising from the processes referred to in paragraph 109 above and paragraph 124 below, drawing on the summary for policymakers referred to in paragraph 111(c) above;

(b) Provides an opportunity for announcing new or strengthened voluntary efforts, initiatives and coalitions, including the implementation of policies, practices and actions arising from the processes referred to in paragraph 109 above and paragraph 124 below and presented in the summary for policymakers referred to in paragraph 111(c) above;

(c) Takes stock of related progress and recognizes new or strengthened voluntary efforts, initiatives and coalitions;

(d) Provides meaningful and regular opportunities for the effective high-level engagement of dignitaries of Parties, international organizations, international cooperative initiatives and non-Party stakeholders;

121. Decides that two high-level champions shall be appointed to act on behalf of the President of the Conference of the Parties to facilitate through strengthened high-level engagement in the period 2016?2020 the successful execution of existing efforts and the scaling-up and introduction of new or strengthened voluntary efforts, initiatives and coalitions, including by:

(a) Working with the Executive Secretary and the current and incoming Presidents of the Conference of the Parties to coordinate the annual high-level event referred to in paragraph 120 above;

(b) Engaging with interested Parties and non-Party stakeholders, including to further the voluntary initiatives of the Lima-Paris Action Agenda;

(c) Providing guidance to the secretariat on the organization of technical expert meetings referred to in paragraph 111(a) above and paragraph 129(a) below;

122. Also decides that the high-level champions referred to in paragraph 121 above should normally serve for a term of two years, with their terms overlapping for a full year to ensure continuity, such that:

(a) The President of the twenty-first session of the Conference of the Parties should appoint one champion, who should serve for one year from the date of the appointment until the last day of the twenty-second session of the Conference of the Parties;

(b) The President of the twenty-second session of the Conference of the Parties should appoint one champion who should serve for two years from the date of the appointment until the last day of the twenty-third session of the Conference of the Parties (November 2017);

(c) Thereafter, each subsequent President of the Conference of the Parties should appoint one champion who should serve for two years and succeed the previously appointed champion whose term has ended;

123. Invites all interested Parties and relevant organizations to provide support for the work of the champions referred to in paragraph 121 above;

124. Decides to launch, in the period 2016?2020, a technical examination process on adaptation;

125. Also decides that the process referred to in paragraph 124 above will endeavour

to identify concrete opportunities for strengthening resilience, reducing vulnerabilities and increasing the understanding and implementation of adaptation actions;

126. Further decides that the process referred to in paragraph 124 above should be organized jointly by the Subsidiary Body for Implementation and the Subsidiary Body for Scientific and Technological Advice, and conducted by the Adaptation Committee;

127. Decides that the process referred to in paragraph 124 above will be pursued by：
(a) Facilitating the sharing of good practices, experiences and lessons learned;
(b) Identifying actions that could significantly enhance the implementation of adaptation actions, including actions that could enhance economic diversification and have mitigation co-benefits;
(c) Promoting cooperative action on adaptation;
(d) Identifying opportunities to strengthen enabling environments and enhance the provision of support for adaptation in the context of specific policies, practices and actions;

128. Also decides that the technical examination process on adaptation referred to in paragraph 124 above will take into account the process, modalities, outputs, outcomes and lessons learned from the technical examination process on mitigation referred to in paragraph 109 above;

129. Requests the secretariat to support the process referred to in paragraph 124 above by：
(a) Organizing regular technical expert meetings focusing on specific policies, strategies and actions;
(b) Preparing annually, on the basis of the meetings referred to in paragraph 129(a) above and in time to serve as an input to the summary for policymakers referred to in paragraph 111(c) above, a technical paper on opportunities to enhance adaptation action, as well as options to support their implementation, information on which should be made available in a user-friendly online format;

130. Decides that in conducting the process referred to in paragraph 124 above, the Adaptation Committee will engage with and explore ways to take into account, synergize with and build on the existing arrangements for adaptation-related work programmes, bodies and institutions under the Convention so as to ensure coherence and maximum value;

131. Also decides to conduct, in conjunction with the assessment referred to in paragraph 113 above, an assessment of the process referred to in paragraph 124 above, so

as to improve its effectiveness;

132. Invites Parties and observer organizations to submit information on the opportunities referred to in paragraph 125 above by 3 February 2016;

V. Non-Party stakeholders

133. Welcomes the efforts of all non-Party stakeholders to address and respond to climate change, including those of civil society, the private sector, financial institutions, cities and other subnational authorities;

134. Invites the non-Party stakeholders referred to in paragraph 133 above to scale up their efforts and support actions to reduce emissions and/or to build resilience and decrease vulnerability to the adverse effects of climate change and demonstrate these efforts via the Non-State Actor Zone for Climate Action platform[4] referred to in paragraph 117 above;

135. Recognizes the need to strengthen knowledge, technologies, practices and efforts of local communities and indigenous peoples related to addressing and responding to climate change, and establishes a platform for the exchange of experiences and sharing of best practices on mitigation and adaptation in a holistic and integrated manner;

136. Also recognizes the important role of providing incentives for emission reduction activities, including tools such as domestic policies and carbon pricing;

VI. Administrative and budgetary matters

137. Takes note of the estimated budgetary implications of the activities to be undertaken by the secretariat referred to in this decision and requests that the actions of the secretariat called for in this decision be undertaken subject to the availability of financial resources;

138. Emphasizes the urgency of making additional resources available for the implementation of the relevant actions, including actions referred to in this decision, and the implementation of the work programme referred to in paragraph 9 above;

139. Urges Parties to make voluntary contributions for the timely implementation of this decision.

Annex

Paris Agreement

The Parties to this Agreement,

Being Parties to the United Nations Framework Convention on Climate Change, hereinafter referred to as "the Convention",

Pursuant to the Durban Platform for Enhanced Action established by decision 1/CP.17 of the Conference of the Parties to the Convention at its seventeenth session,

In pursuit of the objective of the Convention, and being guided by its principles, including the principle of equity and common but differentiated responsibilities and respective capabilities, in the light of different national circumstances,

Recognizing the need for an effective and progressive response to the urgent threat of climate change on the basis of the best available scientific knowledge,

Also recognizing the specific needs and special circumstances of developing country Parties, especially those that are particularly vulnerable to the adverse effects of climate change, as provided for in the Convention,

Taking full account of the specific needs and special situations of the least developed countries with regard to funding and transfer of technology,

Recognizing that Parties may be affected not only by climate change, but also by the impacts of the measures taken in response to it,

Emphasizing the intrinsic relationship that climate change actions, responses and impacts have with equitable access to sustainable development and eradication of poverty,

Recognizing the fundamental priority of safeguarding food security and ending hunger, and the particular vulnerabilities of food production systems to the adverse impacts of climate change,

Taking into account the imperatives of a just transition of the workforce and the creation of decent work and quality jobs in accordance with nationally defined development priorities,

Acknowledging that climate change is a common concern of humankind, Parties should, when taking action to address climate change, respect, promote and consider their respective obligations on human rights, the right to health, the rights of indigenous peoples, local communities, migrants, children, persons with disabilities and people in vulnerable situations and the right to development, as well as gender equality, empowerment of women and intergenerational equity,

Recognizing the importance of the conservation and enhancement, as appropriate, of sinks and reservoirs of the greenhouse gases referred to in the Convention,

Noting the importance of ensuring?the integrity of all ecosystems, including oceans, and the protection of biodiversity, recognized by some cultures as Mother Earth, and noting the importance for some of the concept of "climate justice", when taking action to address climate change,

Affirming the importance of education, training, public awareness, public participation, public access to information and cooperation at all levels on the matters addressed in this Agreement,

Recognizing the importance of the engagements of all levels of government and various actors, in accordance with respective national legislations of Parties, in addressing climate change,

Also recognizing that sustainable lifestyles and sustainable patterns of consumption and production, with developed country Parties taking the lead, play an important role in addressing climate change,

Have agreed as follows:

Article 1

For the purpose of this Agreement, the definitions contained in Article 1 of the Convention shall apply. In addition:

(a) "Convention" means the United Nations Framework Convention on Climate Change, adopted in New York on 9 May 1992;

(b) "Conference of the Parties" means the Conference of the Parties to the Convention;

(c) "Party" means a Party to this Agreement.

Article 2

1. This Agreement, in enhancing the implementation of the Convention, including its objective, aims to strengthen the global response to the threat of climate change, in the context of sustainable development and efforts to eradicate poverty, including by:

(a) Holding the increase in the global average temperature to well below 2 °C above pre-industrial levels and pursuing efforts to limit the temperature increase to 1.5 °C above pre-industrial levels, recognizing that this would significantly reduce the risks and impacts of climate change;

(b) Increasing the ability to adapt to the adverse impacts of climate change and foster climate resilience and low greenhouse gas emissions development, in a manner that does not threaten food production; and

(c) Making finance flows consistent with a pathway towards low greenhouse gas emissions and climate-resilient development.

2. This Agreement will be implemented to reflect equity and the principle of common but differentiated responsibilities and respective capabilities, in the light of different national circumstances.

Article 3

As nationally determined contributions to the global response to climate change, all Parties are to undertake and communicate ambitious efforts as defined in Articles 4, 7, 9, 10, 11 and 13 with the view to achieving the purpose of this Agreement as set out in Article 2. The efforts of all Parties will represent a progression over time, while recognizing the need to support developing country Parties for the effective implementation of this Agreement.

Article 4

1. In order to achieve the long-term temperature goal set out in Article 2, Parties aim to reach global peaking of greenhouse gas emissions as soon as possible, recognizing that peaking will take longer for developing country Parties, and to undertake rapid reductions thereafter in accordance with best available science, so as to achieve a balance between anthropogenic emissions by sources and removals by sinks of greenhouse gases in the second half of this century, on the basis of equity, and in the context of sustainable development and efforts to eradicate poverty.

2. Each Party shall prepare, communicate and maintain successive nationally determined contributions that it intends to achieve. Parties shall pursue domestic mitigation measures, with the aim of achieving the objectives of such contributions.

3. Each Party's successive nationally determined contribution will represent a progression beyond the Party's then current nationally determined contribution and reflect its highest possible ambition, reflecting its common but differentiated responsibilities and respective capabilities, in the light of different national circumstances.

4. Developed country Parties should continue taking the lead by undertaking economy-wide absolute emission reduction targets. Developing country Parties should continue enhancing their mitigation efforts, and are encouraged to move over time

towards economy-wide emission reduction or limitation targets in the light of different national circumstances.

5. Support shall be provided to developing country Parties for the implementation of this Article, in accordance with Articles 9, 10 and 11, recognizing that enhanced support for developing country Parties will allow for higher ambition in their actions.

6. The least developed countries and small island developing States may prepare and communicate strategies, plans and actions for low greenhouse gas emissions development reflecting their special circumstances.

7. Mitigation co-benefits resulting from Parties' adaptation actions and/or economic diversification plans can contribute to mitigation outcomes under this Article.

8. In communicating their nationally determined contributions, all Parties shall provide the information necessary for clarity, transparency and understanding in accordance with decision 1/CP.21 and any relevant decisions of the Conference of the Parties serving as the meeting of the Parties to this Agreement.

9. Each Party shall communicate a nationally determined contribution every five years in accordance with decision 1/CP.21 and any relevant decisions of the Conference of the Parties serving as the meeting of the Parties to this Agreement and be informed by the outcomes of the global stocktake referred to in Article 14.

10. The Conference of the Parties serving as the meeting of the Parties to this Agreement shall consider common time frames for nationally determined contributions at its first session.

11. A Party may at any time adjust its existing nationally determined contribution with a view to enhancing its level of ambition, in accordance with guidance adopted by the Conference of the Parties serving as the meeting of the Parties to this Agreement.

12. Nationally determined contributions communicated by Parties shall be recorded in a public registry maintained by the secretariat.

13. Parties shall account for their nationally determined contributions. In accounting for anthropogenic emissions and removals corresponding to their nationally determined contributions, Parties shall promote environmental integrity, transparency, accuracy, completeness, comparability and consistency, and ensure the avoidance of double counting, in accordance with guidance adopted by the Conference of the Parties serving as the meeting of the Parties to this Agreement.

14. In the context of their nationally determined contributions, when recognizing and implementing mitigation actions with respect to anthropogenic emissions and removals, Parties should take into account, as appropriate, existing methods and guidance

under the Convention, in the light of the provisions of paragraph 13 of this Article.
15. Parties shall take into consideration in the implementation of this Agreement the concerns of Parties with economies most affected by the impacts of response measures, particularly developing country Parties.
16. Parties, including regional economic integration organizations and their member States, that have reached an agreement to act jointly under paragraph 2 of this Article shall notify the secretariat of the terms of that agreement, including the emission level allocated to each Party within the relevant time period, when they communicate their nationally determined contributions. The secretariat shall in turn inform the Parties and signatories to the Convention of the terms of that agreement.
17. Each party to such an agreement shall be responsible for its emission level as set out in the agreement referred to in paragraph 16 of this Article in accordance with paragraphs 13 and 14 of this Article and Articles 13 and 15.
18. If Parties acting jointly do so in the framework of, and together with, a regional economic integration organization which is itself a Party to this Agreement, each member State of that regional economic integration organization individually, and together with the regional economic integration organization, shall be responsible for its emission level as set out in the agreement communicated under paragraph 16 of this Article in accordance with paragraphs 13 and 14 of this Article and Articles 13 and 15.
19. All Parties should strive to formulate and communicate long-term low greenhouse gas emission development strategies, mindful of Article 2 taking into account their common but differentiated responsibilities and respective capabilities, in the light of different national circumstances.

Article 5

1. Parties should take action to conserve and enhance, as appropriate, sinks and reservoirs of greenhouse gases as referred to in Article 4, paragraph 1(d), of the Convention, including forests.
2. Parties are encouraged to take action to implement and support, including through results-based payments, the existing framework as set out in related guidance and decisions already agreed under the Convention for: policy approaches and positive incentives for activities relating to reducing emissions from deforestation and forest degradation, and the role of conservation, sustainable management of forests and enhancement of forest carbon stocks in developing countries; and alternative policy approaches, such as joint mitigation and adaptation approaches for the integral and

sustainable management of forests, while reaffirming the importance of incentivizing, as appropriate, non-carbon benefits associated with such approaches.

Article 6

1. Parties recognize that some Parties choose to pursue voluntary cooperation in the implementation of their nationally determined contributions to allow for higher ambition in their mitigation and adaptation actions and to promote sustainable development and environmental integrity.

2. Parties shall, where engaging on a voluntary basis in cooperative approaches that involve the use of internationally transferred mitigation outcomes towards nationally determined contributions, promote sustainable development and ensure environmental integrity and transparency, including in governance, and shall apply robust accounting to ensure, inter alia, the avoidance of double counting, consistent with guidance adopted by the Conference of the Parties serving as the meeting of the Parties to this Agreement.

3. The use of internationally transferred mitigation outcomes to achieve nationally determined contributions under this Agreement shall be voluntary and authorized by participating Parties.

4. A mechanism to contribute to the mitigation of greenhouse gas emissions and support sustainable development is hereby established under the authority and guidance of the Conference of the Parties serving as the meeting of the Parties to this Agreement for use by Parties on a voluntary basis. It shall be supervised by a body designated by the Conference of the Parties serving as the meeting of the Parties to this Agreement, and shall aim:

(a) To promote the mitigation of greenhouse gas emissions while fostering sustainable development;

(b) To incentivize and facilitate participation in the mitigation of greenhouse gas emissions by public and private entities authorized by a Party;

(c) To contribute to the reduction of emission levels in the host Party, which will benefit from mitigation activities resulting in emission reductions that can also be used by another Party to fulfil its nationally determined contribution; and

(d) To deliver an overall mitigation in global emissions.

5. Emission reductions resulting from the mechanism referred to in paragraph 4 of this Article shall not be used to demonstrate achievement of the host Party's nationally determined contribution if used by another Party to demonstrate achievement of its

nationally determined contribution.

6. The Conference of the Parties serving as the meeting of the Parties to this Agreement shall ensure that a share of the proceeds from activities under the mechanism referred to in paragraph 4 of this Article is used to cover administrative expenses as well as to assist developing country Parties that are particularly vulnerable to the adverse effects of climate change to meet the costs of adaptation.

7. The Conference of the Parties serving as the meeting of the Parties to this Agreement shall adopt rules, modalities and procedures for the mechanism referred to in paragraph 4 of this Article at its first session.

8. Parties recognize the importance of integrated, holistic and balanced non-market approaches being available to Parties to assist in the implementation of their nationally determined contributions, in the context of sustainable development and poverty eradication, in a coordinated and effective manner, including through, inter alia, mitigation, adaptation, finance, technology transfer and capacity-building, as appropriate. These approaches shall aim to:

(a) Promote mitigation and adaptation ambition;

(b) Enhance public and private sector participation in the implementation of nationally determined contributions; and

(c) Enable opportunities for coordination across instruments and relevant institutional arrangements.

9. A framework for non-market approaches to sustainable development is hereby defined to promote the non-market approaches referred to in paragraph 8 of this Article.

Article 7

1. Parties hereby establish the global goal on adaptation of enhancing adaptive capacity, strengthening resilience and reducing vulnerability to climate change, with a view to contributing to sustainable development and ensuring an adequate adaptation response in the context of the temperature goal referred to in Article 2.

2. Parties recognize that adaptation is a global challenge faced by all with local, subnational, national, regional and international dimensions, and that it is a key component of and makes a contribution to the long-term global response to climate change to protect people, livelihoods and ecosystems, taking into account the urgent and immediate needs of those developing country Parties that are particularly vulnerable to the adverse effects of climate change.

3. The adaptation efforts of developing country Parties shall be recognized, in accordance with the modalities to be adopted by the Conference of the Parties serving as the meeting of the Parties to this Agreement at its first session.

4. Parties recognize that the current need for adaptation is significant and that greater levels of mitigation can reduce the need for additional adaptation efforts, and that greater adaptation needs can involve greater adaptation costs.

5. Parties acknowledge that adaptation action should follow a country-driven, gender-responsive, participatory and fully transparent approach, taking into consideration vulnerable groups, communities and ecosystems, and should be based on and guided by the best available science and, as appropriate, traditional knowledge, knowledge of indigenous peoples and local knowledge systems, with a view to integrating adaptation into relevant socioeconomic and environmental policies and actions, where appropriate.

6. Parties recognize the importance of support for and international cooperation on adaptation efforts and the importance of taking into account the needs of developing country Parties, especially those that are particularly vulnerable to the adverse effects of climate change.

7. Parties should strengthen their cooperation on enhancing action on adaptation, taking into account the Cancun Adaptation Framework, including with regard to:

(a) Sharing information, good practices, experiences and lessons learned, including, as appropriate, as these relate to science, planning, policies and implementation in relation to adaptation actions;

(b) Strengthening institutional arrangements, including those under the Convention that serve this Agreement, to support the synthesis of relevant information and knowledge, and the provision of technical support and guidance to Parties;

(c) Strengthening scientific knowledge on climate, including research, systematic observation of the climate system and early warning systems, in a manner that informs climate services and supports decision-making;

(d) Assisting developing country Parties in identifying effective adaptation practices, adaptation needs, priorities, support provided and received for adaptation actions and efforts, and challenges and gaps, in a manner consistent with encouraging good practices; and

(e) Improving the effectiveness and durability of adaptation actions.

8. United Nations specialized organizations and agencies are encouraged to support the efforts of Parties to implement the actions referred to in paragraph 7 of this Article,

taking into account the provisions of paragraph 5 of this Article.

9. Each Party shall, as appropriate, engage in adaptation planning processes and the implementation of actions, including the development or enhancement of relevant plans, policies and/or contributions, which may include:

(a) The implementation of adaptation actions, undertakings and/or efforts;

(b) The process to formulate and implement national adaptation plans;

(c) The assessment of climate change impacts and vulnerability, with a view to formulating nationally determined prioritized actions, taking into account vulnerable people, places and ecosystems;

(d) Monitoring and evaluating and learning from adaptation plans, policies, programmes and actions; and

(e) Building the resilience of socioeconomic and ecological systems, including through economic diversification and sustainable management of natural resources.

10. Each Party should, as appropriate, submit and update periodically an adaptation communication, which may include its priorities, implementation and support needs, plans and actions, without creating any additional burden for developing country Parties.

11. The adaptation communication referred to in paragraph 10 of this Article shall be, as appropriate, submitted and updated periodically, as a component of or in conjunction with other communications or documents, including a national adaptation plan, a nationally determined contribution as referred to in Article 4, paragraph 2, and/or a national communication.

12. The adaptation communications referred to in paragraph 10 of this Article shall be recorded in a public registry maintained by the secretariat.

13. Continuous and enhanced international support shall be provided to developing country Parties for the implementation of paragraphs 7, 9, 10 and 11 of this Article, in accordance with the provisions of Articles 9, 10 and 11.

14. The global stocktake referred to in Article 14 shall, inter alia:

(a) Recognize adaptation efforts of developing country Parties;

(b) Enhance the implementation of adaptation action taking into account the adaptation communication referred to in paragraph 10 of this Article;

(c) Review the adequacy and effectiveness of adaptation and support provided for adaptation; and

(d) Review the overall progress made in achieving the global goal on adaptation referred to in paragraph 1 of this Article.

Article 8

1. Parties recognize the importance of averting, minimizing and addressing loss and damage associated with the adverse effects of climate change, including extreme weather events and slow onset events, and the role of sustainable development in reducing the risk of loss and damage.

2. The Warsaw International Mechanism for Loss and Damage associated with Climate Change Impacts shall be subject to the authority and guidance of the Conference of the Parties serving as the meeting of the Parties to this Agreement and may be enhanced and strengthened, as determined by the Conference of the Parties serving as the meeting of the Parties to this Agreement.

3. Parties should enhance understanding, action and support, including through the Warsaw International Mechanism, as appropriate, on a cooperative and facilitative basis with respect to loss and damage associated with the adverse effects of climate change.

4. Accordingly, areas of cooperation and facilitation to enhance understanding, action and support may include:

(a) Early warning systems;

(b) Emergency preparedness;

(c) Slow onset events;

(d) Events that may involve irreversible and permanent loss and damage;

(e) Comprehensive risk assessment and management;

(f) Risk insurance facilities, climate risk pooling and other insurance solutions;

(g) Non-economic losses; and

(h) Resilience of communities, livelihoods and ecosystems.

5. The Warsaw International Mechanism shall collaborate with existing bodies and expert groups under the Agreement, as well as relevant organizations and expert bodies outside the Agreement.

Article 9

1. Developed country Parties shall provide financial resources to assist developing country Parties with respect to both mitigation and adaptation in continuation of their existing obligations under the Convention.

2. Other Parties are encouraged to provide or continue to provide such support voluntarily.

3. As part of a global effort, developed country Parties should continue to take the lead

in mobilizing climate finance from a wide variety of sources, instruments and channels, noting the significant role of public funds, through a variety of actions, including supporting country-driven strategies, and taking into account the needs and priorities of developing country Parties. Such mobilization of climate finance should represent a progression beyond previous efforts.

4. The provision of scaled-up financial resources should aim to achieve a balance between adaptation and mitigation, taking into account country-driven strategies, and the priorities and needs of developing country Parties, especially those that are particularly vulnerable to the adverse effects of climate change and have significant capacity constraints, such as the least developed countries and small island developing States, considering the need for public and grant-based resources for adaptation.

5. Developed country Parties shall biennially communicate indicative quantitative and qualitative information related to paragraphs 1 and 3 of this Article, as applicable, including, as available, projected levels of public financial resources to be provided to developing country Parties. Other Parties providing resources are encouraged to communicate biennially such information on a voluntary basis.

6. The global stocktake referred to in Article 14 shall take into account the relevant information provided by developed country Parties and/or Agreement bodies on efforts related to climate finance.

7. Developed country Parties shall provide transparent and consistent information on support for developing country Parties provided and mobilized through public interventions biennially in accordance with the modalities, procedures and guidelines to be adopted by the Conference of the Parties serving as the meeting of the Parties to this Agreement, at its first session, as stipulated in Article 13, paragraph 13. Other Parties are encouraged to do so.

8. The Financial Mechanism of the Convention, including its operating entities, shall serve as the financial mechanism of this Agreement.

9. The institutions serving this Agreement, including the operating entities of the Financial Mechanism of the Convention, shall aim to ensure efficient access to financial resources through simplified approval procedures and enhanced readiness support for developing country Parties, in particular for the least developed countries and small island developing States, in the context of their national climate strategies and plans.

Article 10

1. Parties share a long-term vision on the importance of fully realizing technology de-

velopment and transfer in order to improve resilience to climate change and to reduce greenhouse gas emissions.

2. Parties, noting the importance of technology for the implementation of mitigation and adaptation actions under this Agreement and recognizing existing technology deployment and dissemination efforts, shall strengthen cooperative action on technology development and transfer.

3. The Technology Mechanism established under the Convention shall serve this Agreement.

4. A technology framework is hereby established to provide overarching guidance to the work of the Technology Mechanism in promoting and facilitating enhanced action on technology development and transfer in order to support the implementation of this Agreement, in pursuit of the long-term vision referred to in paragraph 1 of this Article.

5. Accelerating, encouraging and enabling innovation is critical for an effective, long-term global response to climate change and promoting economic growth and sustainable development. Such effort shall be, as appropriate, supported, including by the Technology Mechanism and, through financial means, by the Financial Mechanism of the Convention, for collaborative approaches to research and development, and facilitating access to technology, in particular for early stages of the technology cycle, to developing country Parties.

6. Support, including financial support, shall be provided to developing country Parties for the implementation of this Article, including for strengthening cooperative action on technology development and transfer at different stages of the technology cycle, with a view to achieving a balance between support for mitigation and adaptation. The global stocktake referred to in Article 14 shall take into account available information on efforts related to support on technology development and transfer for developing country Parties.

Article 11

1. Capacity-building under this Agreement should enhance the capacity and ability of developing country Parties, in particular countries with the least capacity, such as the least developed countries, and those that are particularly vulnerable to the adverse effects of climate change, such as small island developing States, to take effective climate change action, including, inter alia, to implement adaptation and mitigation actions, and should facilitate technology development, dissemination and deployment, access

to climate finance, relevant aspects of education, training and public awareness, and the transparent, timely and accurate communication of information.

2. Capacity-building should be country-driven, based on and responsive to national needs, and foster country ownership of Parties, in particular, for developing country Parties, including at the national, subnational and local levels. Capacity-building should be guided by lessons learned, including those from capacity-building activities under the Convention, and should be an effective, iterative process that is participatory, cross-cutting and gender-responsive.

3. All Parties should cooperate to enhance the capacity of developing country Parties to implement this Agreement. Developed country Parties should enhance support for capacity-building actions in developing country Parties.

4. All Parties enhancing the capacity of developing country Parties to implement this Agreement, including through regional, bilateral and multilateral approaches, shall regularly communicate on these actions or measures on capacity-building. Developing country Parties should regularly communicate progress made on implementing capacity-building plans, policies, actions or measures to implement this Agreement.

5. Capacity-building activities shall be enhanced through appropriate institutional arrangements to support the implementation of this Agreement, including the appropriate institutional arrangements established under the Convention that serve this Agreement. The Conference of the Parties serving as the meeting of the Parties to this Agreement shall, at its first session, consider and adopt a decision on the initial institutional arrangements for capacity-building.

Article 12

Parties shall cooperate in taking measures, as appropriate, to enhance climate change education, training, public awareness, public participation and public access to information, recognizing the importance of these steps with respect to enhancing actions under this Agreement.

Article 13

1. In order to build mutual trust and confidence and to promote effective implementation, an enhanced transparency framework for action and support, with built-in flexibility which takes into account Parties' different capacities and builds upon collective experience is hereby established.

2. The transparency framework shall provide flexibility in the implementation of the

provisions of this Article to those developing country Parties that need it in the light of their capacities. The modalities, procedures and guidelines referred to in paragraph 13 of this Article shall reflect such flexibility.

3. The transparency framework shall build on and enhance the transparency arrangements under the Convention, recognizing the special circumstances of the least developed countries and small island developing States, and be implemented in a facilitative, non-intrusive, non-punitive manner, respectful of national sovereignty, and avoid placing undue burden on Parties.

4. The transparency arrangements under the Convention, including national communications, biennial reports and biennial update reports, international assessment and review and international consultation and analysis, shall form part of the experience drawn upon for the development of the modalities, procedures and guidelines under paragraph 13 of this Article.

5. The purpose of the framework for transparency of action is to provide a clear understanding of climate change action in the light of the objective of the Convention as set out in its Article 2, including clarity and tracking of progress towards achieving Parties' individual nationally determined contributions under Article 4, and Parties' adaptation actions under Article 7, including good practices, priorities, needs and gaps, to inform the global stocktake under Article 14.

6. The purpose of the framework for transparency of support is to provide clarity on support provided and received by relevant individual Parties in the context of climate change actions under Articles 4, 7, 9, 10 and 11, and, to the extent possible, to provide a full overview of aggregate financial support provided, to inform the global stocktake under Article 14.

7. Each Party shall regularly provide the following information:

(a) A national inventory report of anthropogenic emissions by sources and removals by sinks of greenhouse gases, prepared using good practice methodologies accepted by the Intergovernmental Panel on Climate Change and agreed upon by the Conference of the Parties serving as the meeting of the Parties to this Agreement; and

(b) Information necessary to track progress made in implementing and achieving its nationally determined contribution under Article 4.

8. Each Party should also provide information related to climate change impacts and adaptation under Article 7, as appropriate.

9. Developed country Parties shall, and other Parties that provide support should, provide information on financial, technology transfer and capacity-building support

provided to developing country Parties under Articles 9, 10 and 11.

10. Developing country Parties should provide information on financial, technology transfer and capacity-building support needed and received under Articles 9, 10 and 11.

11. Information submitted by each Party under paragraphs 7 and 9 of this Article shall undergo a technical expert review, in accordance with decision 1/CP.21. For those developing country Parties that need it in the light of their capacities, the review process shall include assistance in identifying capacity-building needs. In addition, each Party shall participate in a facilitative, multilateral consideration of progress with respect to efforts under Article 9, and its respective implementation and achievement of its nationally determined contribution.

12. The technical expert review under this paragraph shall consist of a consideration of the Party's support provided, as relevant, and its implementation and achievement of its nationally determined contribution. The review shall also identify areas of improvement for the Party, and include a review of the consistency of the information with the modalities, procedures and guidelines referred to in paragraph 13 of this Article, taking into account the flexibility accorded to the Party under paragraph 2 of this Article. The review shall pay particular attention to the respective national capabilities and circumstances of developing country Parties.

13. The Conference of the Parties serving as the meeting of the Parties to this Agreement shall, at its first session, building on experience from the arrangements related to transparency under the Convention, and elaborating on the provisions in this Article, adopt common modalities, procedures and guidelines, as appropriate, for the transparency of action and support.

14. Support shall be provided to developing countries for the implementation of this Article.

15. Support shall also be provided for the building of transparency-related capacity of developing country Parties on a continuous basis.

Article 14

1. The Conference of the Parties serving as the meeting of the Parties to this Agreement shall periodically take stock of the implementation of this Agreement to assess the collective progress towards achieving the purpose of this Agreement and its long-term goals (referred to as the "global stocktake"). It shall do so in a comprehensive and facilitative manner, considering mitigation, adaptation and the means of implementation

and support, and in the light of equity and the best available science.

2. The Conference of the Parties serving as the meeting of the Parties to this Agreement shall undertake its first global stocktake in 2023 and every five years thereafter unless otherwise decided by the Conference of the Parties serving as the meeting of the Parties to this Agreement.

3. The outcome of the global stocktake shall inform Parties in updating and enhancing, in a nationally determined manner, their actions and support in accordance with the relevant provisions of this Agreement, as well as in enhancing international cooperation for climate action.

Article 15

1. A mechanism to facilitate implementation of and promote compliance with the provisions of this Agreement is hereby established.

2. The mechanism referred to in paragraph 1 of this Article shall consist of a committee that shall be expert-based and facilitative in nature and function in a manner that is transparent, non-adversarial and non-punitive. The committee shall pay particular attention to the respective national capabilities and circumstances of Parties.

3. The committee shall operate under the modalities and procedures adopted by the Conference of the Parties serving as the meeting of the Parties to this Agreement at its first session and report annually to the Conference of the Parties serving as the meeting of the Parties to this Agreement.

Article 16

1. The Conference of the Parties, the supreme body of the Convention, shall serve as the meeting of the Parties to this Agreement.

2. Parties to the Convention that are not Parties to this Agreement may participate as observers in the proceedings of any session of the Conference of the Parties serving as the meeting of the Parties to this Agreement. When the Conference of the Parties serves as the meeting of the Parties to this Agreement, decisions under this Agreement shall be taken only by those that are Parties to this Agreement.

3. When the Conference of the Parties serves as the meeting of the Parties to this Agreement, any member of the Bureau of the Conference of the Parties representing a Party to the Convention but, at that time, not a Party to this Agreement, shall be replaced by an additional member to be elected by and from amongst the Parties to this Agreement.

4. The Conference of the Parties serving as the meeting of the Parties to this Agreement shall keep under regular review the implementation of this Agreement and shall make, within its mandate, the decisions necessary to promote its effective implementation. It shall perform the functions assigned to it by this Agreement and shall:
(a) Establish such subsidiary bodies as deemed necessary for the implementation of this Agreement; and
(b) Exercise such other functions as may be required for the implementation of this Agreement.
5. The rules of procedure of the Conference of the Parties and the financial procedures applied under the Convention shall be applied mutatis mutandis under this Agreement, except as may be otherwise decided by consensus by the Conference of the Parties serving as the meeting of the Parties to this Agreement.
6. The first session of the Conference of the Parties serving as the meeting of the Parties to this Agreement shall be convened by the secretariat in conjunction with the first session of the Conference of the Parties that is scheduled after the date of entry into force of this Agreement. Subsequent ordinary sessions of the Conference of the Parties serving as the meeting of the Parties to this Agreement shall be held in conjunction with ordinary sessions of the Conference of the Parties, unless otherwise decided by the Conference of the Parties serving as the meeting of the Parties to this Agreement.
7. Extraordinary sessions of the Conference of the Parties serving as the meeting of the Parties to this Agreement shall be held at such other times as may be deemed necessary by the Conference of the Parties serving as the meeting of the Parties to this Agreement or at the written request of any Party, provided that, within six months of the request being communicated to the Parties by the secretariat, it is supported by at least one third of the Parties.
8. The United Nations and its specialized agencies and the International Atomic Energy Agency, as well as any State member thereof or observers thereto not party to the Convention, may be represented at sessions of the Conference of the Parties serving as the meeting of the Parties to this Agreement as observers. Any body or agency, whether national or international, governmental or non-governmental, which is qualified in matters covered by this Agreement and which has informed the secretariat of its wish to be represented at a session of the Conference of the Parties serving as the meeting of the Parties to this Agreement as an observer, may be so admitted unless at least one third of the Parties present object. The admission and participation of observers shall be subject to the rules of procedure referred to in paragraph 5 of this Article.

Article 17
1. The secretariat established by Article 8 of the Convention shall serve as the secretariat of this Agreement.
2. Article 8, paragraph 2, of the Convention on the functions of the secretariat, and Article 8, paragraph 3, of the Convention, on the arrangements made for the functioning of the secretariat, shall apply mutatis mutandis to this Agreement. The secretariat shall, in addition, exercise the functions assigned to it under this Agreement and by the Conference of the Parties serving as the meeting of the Parties to this Agreement.

Article 18
1. The Subsidiary Body for Scientific and Technological Advice and the Subsidiary Body for Implementation established by Articles 9 and 10 of the Convention shall serve, respectively, as the Subsidiary Body for Scientific and Technological Advice and the Subsidiary Body for Implementation of this Agreement. The provisions of the Convention relating to the functioning of these two bodies shall apply mutatis mutandis to this Agreement. Sessions of the meetings of the Subsidiary Body for Scientific and Technological Advice and the Subsidiary Body for Implementation of this Agreement shall be held in conjunction with the meetings of, respectively, the Subsidiary Body for Scientific and Technological Advice and the Subsidiary Body for Implementation of the Convention.
2. Parties to the Convention that are not Parties to this Agreement may participate as observers in the proceedings of any session of the subsidiary bodies. When the subsidiary bodies serve as the subsidiary bodies of this Agreement, decisions under this Agreement shall be taken only by those that are Parties to this Agreement.
3. When the subsidiary bodies established by Articles 9 and 10 of the Convention exercise their functions with regard to matters concerning this Agreement, any member of the bureaux of those subsidiary bodies representing a Party to the Convention but, at that time, not a Party to this Agreement, shall be replaced by an additional member to be elected by and from amongst the Parties to this Agreement.

Article 19
1. Subsidiary bodies or other institutional arrangements established by or under the Convention, other than those referred to in this Agreement, shall serve this Agreement upon a decision of the Conference of the Parties serving as the meeting of the Parties to this Agreement. The Conference of the Parties serving as the meeting of the Parties

to this Agreement shall specify the functions to be exercised by such subsidiary bodies or arrangements.
2. The Conference of the Parties serving as the meeting of the Parties to this Agreement may provide further guidance to such subsidiary bodies and institutional arrangements.

Article 20

1. This Agreement shall be open for signature and subject to ratification, acceptance or approval by States and regional economic integration organizations that are Parties to the Convention. It shall be open for signature at the United Nations Headquarters in New York from 22 April 2016 to 21 April 2017. Thereafter, this Agreement shall be open for accession from the day following the date on which it is closed for signature. Instruments of ratification, acceptance, approval or accession shall be deposited with the Depositary.
2. Any regional economic integration organization that becomes a Party to this Agreement without any of its member States being a Party shall be bound by all the obligations under this Agreement. In the case of regional economic integration organizations with one or more member States that are Parties to this Agreement, the organization and its member States shall decide on their respective responsibilities for the performance of their obligations under this Agreement. In such cases, the organization and the member States shall not be entitled to exercise rights under this Agreement concurrently.
3. In their instruments of ratification, acceptance, approval or accession, regional economic integration organizations shall declare the extent of their competence with respect to the matters governed by this Agreement. These organizations shall also inform the Depositary, who shall in turn inform the Parties, of any substantial modification in the extent of their competence.

Article 21

1. This Agreement shall enter into force on the thirtieth day after the date on which at least 55 Parties to the Convention accounting in total for at least an estimated 55 per cent of the total global greenhouse gas emissions have deposited their instruments of ratification, acceptance, approval or accession.?
2. Solely for the limited purpose of paragraph 1 of this Article, "total global greenhouse gas emissions" means the most up-to-date amount communicated on or before the

date of adoption of this Agreement by the Parties to the Convention.

3. For each State or regional economic integration organization that ratifies, accepts or approves this Agreement or accedes thereto after the conditions set out in paragraph 1 of this Article for entry into force have been fulfilled, this Agreement shall enter into force on the thirtieth day after the date of deposit by such State or regional economic integration organization of its instrument of ratification, acceptance, approval or accession.

4. For the purposes of paragraph 1 of this Article, any instrument deposited by a regional economic integration organization shall not be counted as additional to those deposited by its member States.

Article 22

The provisions of Article 15 of the Convention on the adoption of amendments to the Convention shall apply mutatis mutandis to this Agreement.

Article 23

1. The provisions of Article 16 of the Convention on the adoption and amendment of annexes to the Convention shall apply mutatis mutandis to this Agreement.

2. Annexes to this Agreement shall form an integral part thereof and, unless otherwise expressly provided for, a reference to this Agreement constitutes at the same time a reference to any annexes thereto. Such annexes shall be restricted to lists, forms and any other material of a descriptive nature that is of a scientific, technical, procedural or administrative character.

Article 24

The provisions of Article 14 of the Convention on settlement of disputes shall apply mutatis mutandis to this Agreement.

Article 25

1. Each Party shall have one vote, except as provided for in paragraph 2 of this Article.

2. Regional economic integration organizations, in matters within their competence, shall exercise their right to vote with a number of votes equal to the number of their member States that are Parties to this Agreement. Such an organization shall not exercise its right to vote if any of its member States exercises its right, and vice versa.

Article 26

The Secretary-General of the United Nations shall be the Depositary of this Agreement.

Article 27

No reservations may be made to this Agreement.

Article 28

1. At any time after three years from the date on which this Agreement has entered into force for a Party, that Party may withdraw from this Agreement by giving written notification to the Depositary.
2. Any such withdrawal shall take effect upon expiry of one year from the date of receipt by the Depositary of the notification of withdrawal, or on such later date as may be specified in the notification of withdrawal.
3. Any Party that withdraws from the Convention shall be considered as also having withdrawn from this Agreement.

Article 29

The original of this Agreement, of which the Arabic, Chinese, English, French, Russian and Spanish texts are equally authentic, shall be deposited with the Secretary-General of the United Nations.

DONE at Paris this twelfth day of December two thousand and fifteen.
IN WITNESS WHEREOF, the undersigned, being duly authorized to that effect, have signed this Agreement.

---

1 Endorsed by decision 2/CP.18, paragraph 2.
2 Parties should submit their views via the submissions portal at <http://www.unfccc.int/5900>.
3 <http://climateaction.unfccc.int/>.
4 <http://climateaction.unfccc.int/>.

有馬 純 ありま・じゅん

1959年生まれ。1982年、東京大学経済学部卒業後、通商産業省（現・経済産業省）入省。2002年に国際エネルギー機関（IEA）国別審査課長、2006年に資源エネルギー庁国際課長、2007年に国際交渉担当参事官、2008年に大臣官房地球環境担当審議官、2011年に日本貿易振興機構（ジェトロ）ロンドン事務所長兼経済産業省地球環境問題特別調査員を経て、2015年8月より東京大学公共政策大学院教授、現職。21世紀政策研究所研究主幹、アジア太平洋研究所上席研究員、国際環境経済研究所主席研究員も兼務。気候変動枠組条約締約国会議（COP）にはこれまで12回参加。主な著書に『地球温暖化交渉の真実 ── 国益をかけた経済戦争』（2015年、中央公論新社）など。

精神論抜きの地球温暖化対策
パリ協定とその後

2016年10月27日　第一刷発行

著　者　有馬 純
発行者　志賀正利
発行所　株式会社エネルギーフォーラム
　　　　〒104-0061 東京都中央区銀座5-13-3　電話 03-5565-3500
印刷・製本所　錦明印刷株式会社
ブックデザイン　エネルギーフォーラム デザイン室

定価はカバーに表示してあります。落丁・乱丁の場合は送料小社負担でお取り替えいたします。

©Jun Arima 2016, Printed in Japan　ISBN978-4-88555-471-1